HAPPY BRAIN

HAPPY BRAIN

EINE ANLEITUNG
ZUM GEHIRNFREUNDLICHEN ARBEITEN

Bibliografische Information der Deutschen Nationalbibliothek
Die Deutsche Nationalbibliothek verzeichnet diese Publikation in der
Deutschen Nationalbibliografie; detaillierte bibliografische Daten sind
im Internet über http://dnb.dnb.de abrufbar.

Lektorat und Grafiken: Dr. Karin Biebernik, www.assistext.com
Korrektorat: Books on Demand GmbH
Bilder im Buch: shutterstock, istockphoto
Coverabbildung: stock.adobe.com: © Ann
Satz, Herstellung und Verlag: BoD – Books on Demand, Norderstedt

ISBN 9783-7557-8195-0

KURZE ÜBERSICHT

Häufige Unterbrechungen, Meetings, Multitasking und ständige Erreichbarkeit haben Auswirkungen auf unsere Leistungsfähigkeit, Produktivität sowie auf unsere Gesundheit. Viele Menschen fühlen sich in ihrer täglichen Arbeit überfordert und wünschen sich eine effizientere Nutzung der eigenen Reserven für eine gesündere Lebensweise.

Die Neurowissenschaften bringen uns ständig neue und faszinierende Erkenntnisse, wie wir denken und handeln. Dies bringt auch immer neue Erkenntnisse mit sich, wie wir unseren Arbeitsalltag besser bewältigen können. Diese Erkenntnisse für Motivation und Erfolg im Berufsleben werden beleuchtet. Auch Faktoren wie Schlaf, Ernährung, Bewegung und soziale Kontakte haben großen Einfluss auf unsere Leistungsfähigkeit und unser Wohlbefinden und werden uns anhand von zahlreichen Beispielen und Studien vor Augen geführt.

Abschließend sind Tipps zur praktischen Umsetzung der neurowissenschaftlichen Erkenntnisse zur Steigerung von Leistungsfähigkeit, beruflichem Erfolg, Zufriedenheit, positiver Lebenseinstellung und Wohlbefinden angeführt.

INHALT

ABBILDUNGSVERZEICHNIS

TABELLENVERZEICHNIS

AKKÜRZUNGSVERZEICHNIS

Anteriorer cingulärer Cortex	ACC
Brain-derived neurotrophic factor	BDNF
Conserved transciptomic response to adversity	CTRA
Präfrontaler Cortex	PFC
Ventrales tegmentales Areal	VTA

EINLEITUNG

1. ARBEITSWELT UND HERAUSFORDERUNGEN

Die Arbeitswelt unterliegt aufgrund des demografischen Wandels, der Globalisierung, Automatisierung sowie der Digitalisierung einem ständigen Veränderungsprozess, der sich auch auf das Wohlbefinden jedes Einzelnen auswirken kann. Die Lebenszufriedenheit von Menschen wird dann am meisten beeinträchtigt, wenn die Bedürfnisse, Wünsche und Ziele zwischen den privaten und den beruflichen Bedingungen in einem spannungsvollen Verhältnis stehen. Das Privatleben kann durch die berufliche Tätigkeit mit veränderten Arbeitsbedingungen sogar stark beeinflusst werden. Sehr häufig beschäftigt man sich auch in der Freizeit mit Tätigkeiten, die an sich der Arbeitszeit zuzurechnen wären. Das kann belasten und ist nicht im Sinne der Work-Life-Balance.[1]

In der Geschichte der Menschheit war unser Gehirn noch nie so vielen Einflussfaktoren ausgeliefert wie heute. Ständige Veränderungsprozesse, die steigende Informationsflut und die rasanten technologischen Entwicklungen sind große Herausforderungen im beruflichen Alltag. Auch Zeitdruck, Multitasking und die ständige Erreichbarkeit tragen dazu bei, dass die Zahl der Krankheitstage aufgrund psychischer Probleme im Job in den letzten Jahren drastisch angestiegen ist. Viele Menschen fühlen sich im Berufsalltag überfordert und wünschen sich eine effizientere Nutzung der eigenen Ressourcen für eine gesündere Lebensweise.

Die berufliche Tätigkeit ist ein wichtiger Bestandteil unserer Lebensqualität. Viele Arbeitnehmende geben an, dass der Job sie krank macht. Jedoch gibt es auch sehr viele positive Beispiele, dass Arbeit als erfreuliche und befriedigende Sache gesehen wird.[2]

Es bedarf neuer Lösungswege, um geänderten Herausforderungen mit gehirngerechten Arbeitsmethoden und einer positiven Grundeinstellung begegnen zu können. Jeder kann dazu einen aktiven Beitrag leisten, und es scheint nicht zielführend, sich lediglich auf andere Personen zu verlassen, um ein positives Arbeitsumfeld vorzufinden. Effektive Strategien zur Verbesserung des Arbeitslebens sind notwendig, um produktiver zu arbeiten und auch in stressigen Situationen gelassen zu bleiben.

Die neuesten Erkenntnisse der Neurowissenschaften können einen positiven Beitrag zur Verbesserung von Leistungsfähigkeit und besserer Lebensqualität in der modernen Arbeitswelt leisten, wie zahlreiche Studien und praktische Beispiele zeigen.

2. AUFBAU UND STRUKTUR

Ziel der Arbeit ist es, zu beleuchten, welche Faktoren sich im Arbeitsumfeld auf die Produktivität, Gesundheit und Motivation auswirken und wie man die neuesten Erkenntnisse der Neurowissenschaften für ein besseres Selbstmanagement nutzen kann.

⇒ Wie sind die neuronalen Grundstrukturen des Gehirns aufgebaut?
Neurowissenschaftliche Grundlagen über die Funktionswei-

se des menschlichen Gehirns sowie Neurotransmitter, die uns
motivieren und antreiben

⇒ Wie wirkt sich Stress auf unsere Leistungsfähigkeit aus?
Erfolgsfaktoren für berufliche Errungenschaften und Zufriedenheit, Kreativität, Produktivität und Gesundheit, emotionale Balance im Arbeitsalltag

⇒ Können gehirngerechte Methoden und Arbeitsabläufe die gesunde Leistungsfähigkeit am Arbeitsplatz verbessern?
Neurobiologisch fundierte Strategien für mehr Leistungsfähigkeit und optimale Abläufe in unserem täglichen Arbeitsalltag und Möglichkeiten für die praktische Umsetzung

⇒ Wie wirken sich äußere Umstände aus?
Einflüsse von Ernährung, Bewegung, Schlaf und sozialen Kontakten auf unsere Leistungsfähigkeit und unsere Gesundheit

DIE NEURONALEN GRUNDSTRUKTUREN DES GEHIRNS

1. BRAIN TO BUSINESS

Das menschliche Gehirn eines Erwachsenen wiegt etwa 1,3 kg. Obwohl es nur etwa 2 % des Körpergewichts ausmacht, ist es ein Energiefresser und verbraucht 20 % der zur Verfügung stehenden Energie. In Extremsituationen kann dieser Wert sogar auf bis zu 90 % ansteigen. Unser Hirn verfügt über mehr als 100 Milliarden Nervenzellen, auch Neuronen genannt. Diese kommunizieren miteinander, damit wir fühlen, handeln und denken können. Ein einzelnes Neuron hat keinen großen Einfluss. Erst wenn ein Neuron mit anderen Millionen von Nervenzellen zusammenarbeitet, können diese ihre Aufgaben gemeinsam erfüllen. Die Übertragung von Informationen erfolgt einerseits elektrisch und andererseits auf chemischem Weg durch sogenannte chemische Botenstoffe, auch Neurotransmitter genannt.[3]

Die Dendriten empfangen die Signale von anderen Zellen und leiten diese zum Zellkörper weiter. Abgeleitet wurde der Name aus dem altgriechischen Wort für Baum, déndron. Die Dendriten sehen aus wie Bäumchen, die um den Zellkörper wachsen (Bild 1).[4]

In Form eines elektrischen Impulses laufen die Signale entlang der Nervenzellen mit ihren Axonen. Die schlauchartigen Nervenzellen erinnern in ihrer Funktion an eine Kabelleitung. Die Übertragungsgeschwindigkeit hängt von der Isolierung der in Bild 1 dargestellten sogenannten Myelinscheiden ab. Je ausgeprägter diese

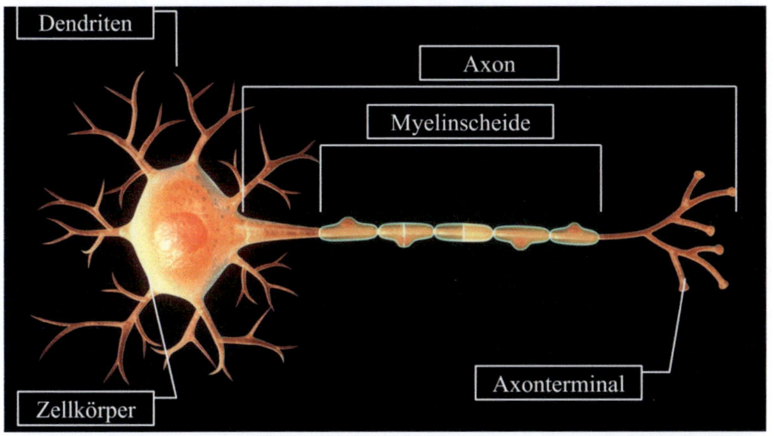

ABBILDUNG 1
Bestandteile einer Nervenzelle

sind, umso schneller kann ein Signal weitergeleitet werden.[5] Fehlt diese Isolierschicht, ist unsere Reaktion verlangsamt und unsere kognitiven Leistungen sind beeinträchtigt.[6]

Diese elektrischen Signale erreichen am Ende des Axons das synaptische Endknöpfchen, das auch Axonterminale genannt wird. Da die Neuronen nicht direkt miteinander verbunden sind, müssen die Signale den 20 Nanometer breiten synaptischen Spalt (Bild 2) zwischen Präsynapse (Senderzelle) und Postsynapse (Empfängerzelle) überqueren. Als Synapsen bezeichnet man Stellen einer neuronalen Verknüpfung, über die eine Nervenzelle in Kontakt zu einer anderen Zelle steht. Die Präsynapse übersetzt Stromimpulse in chemische Botenstoffe, die sogenannten Neurotransmitter. Diese docken an die Rezeptoren der Postsynapse an und werden dort wieder in elektrische Signale umgewandelt und zur nächsten Präsynapse übertragen.[7]

Unser Gehirn ist ein komplexes Netzwerk, das nicht starr verdrahtet ist wie ein Computer, sondern das neuronale Netzwerk kann

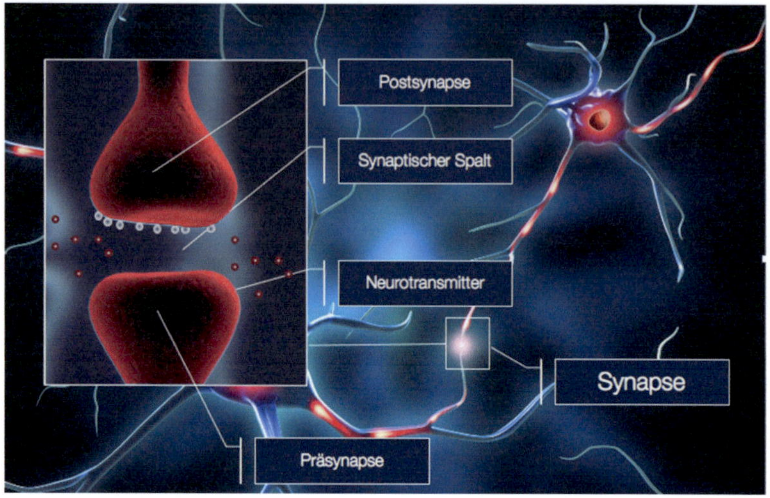

ABBILDUNG 2
Synapsen und synaptischer Spalt

ein Leben lang umgebaut werden. Diese Veränderungen werden unter dem Begriff „synaptische Plastizität" zusammengefasst.[8]

Für neue Verbindungen im Gehirn benötigen wir – je nach Komplexität – ausreichend Zeit. Hier bietet sich der Vergleich mit einem Fitnessstudio an, wo auch nur durch regelmäßiges Training Erfolge erzielt werden. Bei Veränderungen müssen nicht nur neue synaptische Verbindungen aufgebaut, sondern bestehende müssen teilweise auch wieder abgebaut oder geschwächt werden. Durch regelmäßiges und konsequentes Üben können neue Synapsen geschaffen und gestärkt werden, und eine neue neuronale „Autobahn" entsteht. Für eine erfolgreiche Umsetzung sind positive Emotionen eine wichtige Voraussetzung.[9]

Kein Gehirn gleicht dem anderen und jeder Mensch ist einzigartig. Die Persönlichkeit des Menschen ist, neurowissenschaftlich gesehen, das Spiegelbild seines neuronalen Netzwerks.[10]

2. DAS LIMBISCHE SYSTEM ALS UNSER EMOTIONALES BEWERTUNGSSYSTEM

Das limbische System ist tief im Gehirn eingebettet und entwickelte sich vor ungefähr 200 Millionen Jahren. Dieser Teil arbeitet eng mit dem Hirnstamm und dem Körper zusammen und ist für die Steuerung von Gefühlen verantwortlich, trägt zur Entstehung von Emotionen bei und teilt aktuelle Situationen in gute oder schlechte ein.[11]

In erster Linie handelt es sich bei der Bewertung dieser Situationen um unbewusste physische Reaktionen auf bestimmte Situationen, bei denen im Gehirn ein Signal generiert und an den Körper gesendet wird, der daraufhin eine Aktion auslöst.[12]

Im Wesentlichen besteht das limbische System aus Hippocampus, Amygdala, Hypothalamus, dem mesolimbischen System mit ventralem tegmentalem Areal (VTA) und dem Nucleus accumbens, dem „Belohnungssystem" des Gehirns (Bild 3).[13]

Die Amygdala und das mesolimbische System bilden das unbewusste Erfahrungsgedächtnis. Emotionen und Geschehnisse werden von der Amygdala bewertet, und das mesolimbische System errechnet daraus die Belohnungs- und Bestrafungserwartung. Der Hippocampus sorgt für die Überführung neuer Informationen vom Kurz- ins Langzeitgedächtnis. Zuständig für die Entscheidung, ob eine mögliche Handlung ausgeführt oder ob ein bestimmter Wunsch realisiert werden soll, sind der orbitofrontale und der ventromediale Cortex. Jedoch hat bei jeder Verhaltensentscheidung das limbische System nicht nur das „erste und das letzte Wort" bei der Entstehung von Wünschen und Plänen und der Bewertung der Handlungsabsichten, sondern auch zwischendurch kommen immer wieder das limbische System und der rationale Verstand zu Wort.[14]

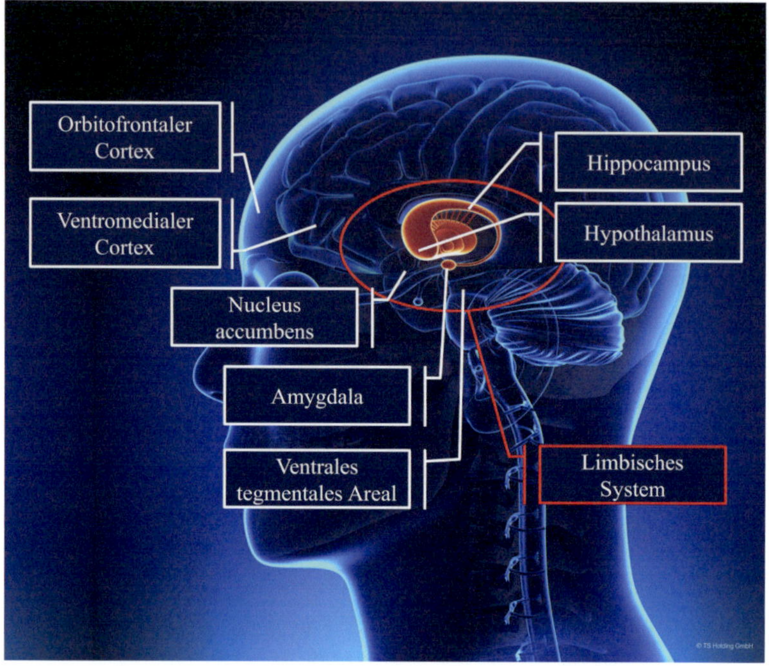

ABBILDUNG 3
Das limbische System und der orbitofrontale und ventromediale Cortex

Der Nucleus accumbens als Belohnungssystem

Unser Gehirn verfügt über zahlreiche Mechanismen, die dopamin-gesteuerte Neuronen aktivieren, um Lust und Unlust sowie Erfolg und Misserfolg zu registrieren. Vornehmlich sind das ventrale teg-mentale Arial und das damit eng verbundene dorsale Striatum, der Nucleus accumbens im ventralen Striatum, der anteriore cinguläre und der orbitofrontale Cortex beteiligt. Je größer die Belohnung, umso aktiver sind solche Neuronen, sie schütten Dopamin aus, sie „feuern". Werden wir für eine Tätigkeit, für die wir eine Belohnung erwarten, nicht belohnt, reagieren die Neuronen zwar ebenso, je-doch spricht man in diesem Fall von „Enttäuschungsneuronen".

Einige Forscher haben herausgefunden, dass bei einer ausbleibenden Belohnung und mit der damit verbunden Enttäuschung Neuronen in der Amygdala und im insulären Cortex aktiviert werden, die unter anderem für Schmerzwahrnehmung zuständig sind. Das Belohnungssystem stellt fest, in welchem Maße die Belohnung den Erwartungen entspricht. Drei Situationen sind möglich:

⇒ Die Erwartungen werden voll und ganz erfüllt: Es gibt nur eine geringe Veränderung in der Reaktivität der dopaminergen Neuronen.

⇒ Die Abweichung ist positiv bzw. die Belohnung fällt überraschenderweise höher aus als erwartet: Es gibt eine starke Aktivierung der Neuronen und der Überraschungseffekt macht einen erheblichen Anteil der Freude aus.

⇒ Die Belohnung fällt geringer aus als erwartet oder bleibt ganz aus. Die Neuronen werden in ihrer Aktivität gehemmt und unter Umständen kommt noch eine Gefahrenmeldung aus der Amygdala.[15]

Die Amygdala als Warnsystem

Die Amygdala oder auch Mandelkern genannt ist für die Wahrnehmung von Gefühlen und Entstehung von Emotionen, besonders von Angst, zuständig,. Der Mandelkern liegt im limbischen System und teilt emotionale Reize in bedrohliche und nicht bedrohliche ein. Oft sind nur wenige Erfahrungen notwendig, um zu erkennen, ob ein bestimmter Reiz bedrohlich oder sogar gefährlich ist. Das bedeutet, dass wir rasch lernen, zwischen Gefährlichem und Ungefährlichem zu unterscheiden. Jedoch gibt es auch Menschen mit überaktiver Amygdala, die emotional intensiver reagieren und zu erhöhten Angstreaktionen neigen.[16]

Ständig prüft die Amygdala alle möglichen Gefahren und reagiert dabei sehr empfindlich. Das hat unser Überleben in der Vorzeit gesichert, in der wir vor einem angreifenden Säbelzahntiger in einen Kampf oder in Fluchtbereitschaft versetzt wurden. Heute liegt die Bedrohung unter anderem bei den Arbeitsbedingungen und der Beeinträchtigung unseres logischen Denkvermögens.[17]

Der Hippocampus als Schaltstelle zwischen Kurz- und Langzeitgedächtnis

Der Hippocampus befindet sich im Temporallappen und besteht aus einem schmalen, C-förmigen Abschnitt des Gehirngewebes, der wie ein Seepferdchen aussieht. Daher kommt auch der Name Hippocampus, der auf Lateinisch so viel wie Seepferdchen bedeutet. Der Hippocampus macht nur einen sehr geringen Teil des Gehirns aus, spielt aber eine wichtige Rolle bei der Bildung von Erinnerungen.[18]

In dieser Region wird vorselektiert, welche Informationen ins Langzeitgedächtnis weitergeleitet werden und welche nicht. Bei einer Schädigung dieses Gehirnbereiches kann die Bildung neuer Erinnerungen verhindert werden.[19] Der Hippocampus hat nur eine eingeschränkte Speicherkapazität und dient uns als Kurzzeitspeicher. Ist die Kapazität erschöpft, können keine neuen Daten mehr abgespeichert werden. Es besteht sogar die Gefahr, dass neue Erinnerungen vorhandene überschreiben, was als Interferenz bezeichnet wird. Während des Schlafes findet der Datentransfer vom Kurzzeitspeicher in den Langzeitspeicher im Gehirn statt. Somit werden im Schlaf im Kurzzeitgedächtnis wieder Kapazitäten für neue Information frei.[20]

Im Laufe der Lebensjahre können Neuronen durch diverse Einflussfaktoren wie Schlafmangel, Alkohol, Verletzungen, Krankheiten absterben. Doch hier passiert ein großartiges Phänomen: die Neurogenese. Im Gehirn können neue Neuronen entstehen, besonders an einer bestimmten Stelle des Hippocampus, dem Gyrus dentatus. Im Gyrus dentatus bilden sich jeden Tag neue Neuronen, und das ein Leben lang. Voraussetzung ist jedoch, dass wir unseren Beitrag leisten und Neues lernen und diese Region intensiv beanspruchen.[21]

Dass sich das Gehirn auch im Erwachsenenalter verändern kann, zeigte die Studie des University College in London. In dieser Studie wurde untersucht, wie sich die Herausforderung der Taxifahrerprüfung auf das Gehirn auswirkt. Taxifahrer müssen sich für die erfolgreiche Prüfung ein riesiges Straßennetz in London mit allen Winkeln und Windungen einprägen. Damit sie die Fahrgäste zum gewünschten Ziel bringen können, müssen viele wichtige Orte, wie Sehenswürdigkeiten, Veranstaltungsorte, Restaurants erlernt werden. Im Gehirnscan zeigte sich, dass bei Probanden der hintere Teil des Hippocampus nach erfolgreich abgelegter Taxiprüfung deutlich vergrößert war. Diese Gehirnregion ist insbesondere für das räumliche Gedächtnis zuständig.[22]

3. DER PRÄFRONTALE CORTEX FÜR UNSERE KOMPLEXEN HANDLUNGEN

Der präfrontale Cortex besteht aus einer Reihe von Arealen, die miteinander verbunden und für unterschiedliche Bereiche zuständig sind. Im lateralen und medial-dorsalen Teil werden Situationen mit Geräuschen, Gerüchen und visuellen Objekten verarbeitet.[23]

Hier befindet sich der Sitz unserer bewussten Handlungen. Er ist bei der Planung künftiger Aktivitäten und beim Lösen von

Problemen aktiv. Das Arbeitsgedächtnis ist ein Teil des präfrontalen Cortex und liegt im vorderen Stirnhirn. Alles, was unsere Aufmerksamkeit benötigt, wie etwa Selbstkontrolle und Emotionskontrolle, wird von hier aus gesteuert. Ohne funktionierenden präfrontalen Cortex könnten wir uns nicht in andere hineinfühlen und uns sozial adäquat verhalten.[24]

Neurobiologisch gesehen verdanken wir die Fähigkeit zur Selbstkontrolle dem präfrontalen Cortex. Dieser befähigt den Menschen, über den Tag hinaus zu denken und längerfristige Ziele zu setzen.[25]

Wir können den präfrontalen Cortex gezielt aktivieren, indem wir unsere Aufmerksamkeit bewusst auf unsere Körper- und Sinneswahrnehmung richten. Gerade in Stresssituationen hilft uns das bei der Suche nach Lösungen, anstatt zu grübeln und negativen Gedanken nachzuhängen.[26]

4. BOTENSTOFFE, DIE UNS MENSCHEN ANTREIBEN

Ein Botenstoff ist eine chemische Substanz, die benötigt wird, um Informationen zwischen den Zellen weiterzuleiten. Diese Stoffe werden an den synaptischen Endigungen freigesetzt und bewirken beim nächsten Neuron Veränderungen, die uns glücklich, zufrieden oder euphorisch machen. Durch die Ausschüttung und Produktion werden Aufmerksamkeit, Motivation, Neugier und Beruhigung gesteuert.

Unser Hirn ist auf Belohnungen ausgerichtet. Botenstoffe, auch Neurotransmitter genannt, übernehmen das Belohnen und wirken sich positiv auf Motivation und Gesundheit aus. Zusätzlich sorgen sie für positive Gefühle.[27]

Botenstoffe, die uns glücklich machen, beruhen auf den vier chemischen Substanzen des Gehirns: Dopamin, Endorphin, Oxytocin und Serotonin (Bild 4). Jeder dieser Botenstoffe löst ein anderes gutes Gefühl aus.[28]

Der Mensch sehnt sich nach guten Gefühlen und führt – überwiegend unbewusst, aber teilweise auch bewusst – Handlungen aus, die veranlassen, dass das Motivationssystem einen Botenstoff-Cocktail produziert.[29]

Dopamin für Antrieb und Motivation

Dopamin ist ein Botenstoff, der dann ausgeschüttet wird, wenn wir eine Belohnung erwarten. Ein erhöhter Ausstoß von Dopamin ist mit psychischer Aktivierung und Neugier verbunden. Ein Mangel von Dopamin führt zu Ideen- und Fantasielosigkeit sowie zu Antriebsmangel.[30]

Dopamin ist nicht nur für unsere Glücksgefühle und unser Belohnungssystem zuständig, sondern es erhält auch unsere motorischen Fähigkeiten aufrecht. Für diese Funktion hat Dopamin einen eigenen Kreislauf, der bei Störung die Bewegungsabläufe beeinträchtigt.[31]

Dopamin „bei der Arbeit" fühlt sich gut an, mit Dopamin läuft alles wie von alleine und die Aufgaben fallen uns leicht. Unsere Aufmerksamkeit ist auf das Ziel gerichtet und wir sind voller positiver Erwartungen. Das hilft uns beim Erreichen von Zielen, bei der Kreativität und beim Finden von Lösungen und bewirkt, dass wir auch Neues wagen.[32]

Endorphin für Schmerzlinderung und für gute Stimmung

Endorphine werden in zwei Regionen ausgeschüttet, die zum limbischen System zählen, nämlich in der Hypophyse und im Hypothalamus. Endorphine sind für die Schmerzregulierung und die Motivationssteuerung verantwortlich.[33]

Aktiviert wird dieser Botenstoff bei Verletzungen oder wenn wir unsere Belastungsgrenzen überschritten haben. Für kurze Zeit wird der Schmerz ausgeblendet oder kurzzeitig vergessen. Unter Läufern ist das auch als „Runner's High" bzw. „Läuferhoch" bekannt, wenn wir trotz Qualen durchhalten und uns dabei auch noch gut fühlen.[34]

Oxytocin für Geborgenheit und Stressreduktion

Oxytocin ist ein Botenstoff, der das gute Gefühl hervorruft, sich unter anderen Menschen geborgen zu fühlen und anderen vertrauen zu können.[35] Oxytocin wird im Hypothalamus gebildet.[36]

Berührung regt die Ausschüttung von Oxytocin an und fördert das Gefühl von Zugehörigkeit. Oxytocin löst eine starke Anti-Stress-Reaktion aus und vermindert die Bildung von Stresshormonen wie Cortisol, senkt den Blutdruck, verlangsamt den Puls, wirkt sich positiv auf das Immunsystem aus und verbessert auch die Neurogenese.[37]

Ein hoher Oxytocinpegel steigert unsere Empathie und hilft uns, zu verstehen, wie andere Menschen denken und fühlen. In Stresssituationen dämpft es unsere Angstreaktion und ermutigt uns, mit unserem sozialen Netzwerk Kontakt aufzunehmen, um Unterstützung bei Familie, Freunden und Kollegen zu suchen. Wir werden auch offener anderen gegenüber, was Wissenschaftler als Tend-and-befriend-Reaktion bezeichnen. Oxytocin stärkt unser

Herz-Kreislauf-System und verleiht uns Stabilität in Stresssituationen.[38]

Soziale Akzeptanz, Anerkennung und Wertschätzung wirken sich auf unsere psychische und physische Gesundheit aus. Durch die Ausschüttung von Oxytocin wird sozialer Stress gedämpft und von der Amygdala ausgehende Angstreaktionen werden gemindert.[39]

Serotonin für gute Stimmung

Serotonin ist ein Botenstoff, der uns ein gutes Selbstwertgefühl verleiht.[40]

Nicht nur durch einen hohen Status fühlen wir uns gut. Es genügt schon, wenn dieser nur geringfügig erhöht wird. Werden wir zum Beispiel für etwas gelobt, wird Serotonin ausgeschüttet und wir fühlen uns glücklicher. Zusätzlich sinken die Cortisolwerte, wodurch wir weniger Stress empfinden. Unser Gehirn sucht unbewusst ständig nach Möglichkeiten, um den Status zumindest zu erhalten. Damit wir anderen überlegen sind, genügt oft eine Nische, ein Randbereich, in dem wir besser sind als die anderen. Konkurrenz kann die Leistung der Einzelnen durchaus fördern. Es besteht jedoch die Gefahr, dass die Menschen sich durch Konkurrenzdenken nicht mehr verbunden fühlen, worunter die Zusammenarbeit leidet.[41]

Neben Dopamin führt auch Serotonin zu einem Glücksempfinden und steigert unsere Zufriedenheit. Damit wir bei der Arbeit und auch in der Freizeit ausgeglichen sind, benötigen wir genug Serotonin.[42]

Es wird in den sogenannten Raphe-Kernen, das sind Partikel im zentralen Nervensystem, des Hirnstamms produziert und sind in diversen Gehirnregionen, großteils in limbischen Zentren wie Amygdala, Hippocampus, Hypothalamus, Basalganglien sowie in einigen Cortex-Regionen vorhanden. Eine Unterproduktion ruft Depressionen, Ängstlichkeit, Aggressionen und unüberlegtes Verhalten sowie Schlaflosigkeit hervor.[43]

Durch gezielte Handlungen können wir selbst dazu beitragen, positive Empfindungen in uns auszulösen und zu verstärken. Die nachfolgende Darstellung enthält einige Beispiele, die sich gut in den (Arbeits-)Alltag einbauen lassen.

ERFOLGSFAKTOREN FÜR BERUFLICHE LEISTUNG UND ZUFRIEDENHEIT

1. DER IDEALE JOB

Der Harvard-Professor Tal Ben-Shahar zeigt uns, was zur Zufriedenheit bei unserer Arbeit beitragen kann. Am glücklichsten sind wir dann, wenn wir einen Sinn in unserer Tätigkeit erkennen können und Freude an der Arbeit haben. Wenn dazu noch die Anforderungen mit unseren persönlichen Stärken zusammenpassen, gelangen wir in den sogenannten „Flow"-Zustand, dem nachfolgend ein eigener Abschnitt gewidmet ist.

Bei Tal Ben-Shahar geht es im ersten Schritt um Antworten zu folgenden drei Fragen, die in den jeweiligen Spalten zu erarbeiten sind:

WAS GIBT MIR SINN?	WAS MACHT MIR FREUDE?	WO LIEGEN MEINE STÄRKEN?

Im zweiten Schritt überprüfen wir, ob und wo es Übereinstimmung in den drei Bereichen gibt. Im nächsten Schritt werden diejenigen Überlappungen ermittelt, die für unsere Arbeit besonders wichtig sind. Nicht immer treffen sich Neigungen und Anforde-

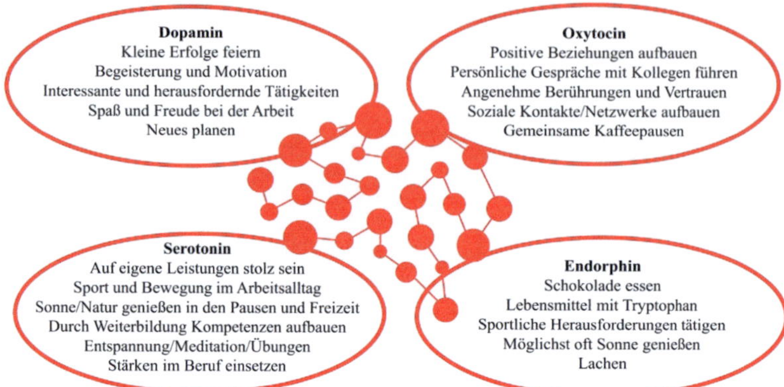

ABBILDUNG 4

Aktivitäten und Faktoren, die die Ausschüttung von »Glückshormonen« fördern

rungen, aber das ist noch kein Grund zur Kündigung. Oft lassen sich, manchmal auch durch Schulungen und Zusatzausbildungen, im Unternehmen andere Aufgaben finden, die besser zu uns passen, mehr Freude machen und noch dazu dabei helfen, einen besonderen Sinn bei der Arbeit zu sehen. Wenn wir die richtige Aufgabe gefunden haben, werden wir motivierter und produktiver arbeiten und sind auch belastbarer.[44]

Was Sinn ergibt und sich positiv auf die Gesundheit auswirkt

Das Bestreben des Menschen, Sinnvolles zu erleben, ist ein neurobiologisch verankertes Grundbedürfnis. Das Gefühl der Sinnhaftigkeit der eigenen Tätigkeit kann einen wichtigen Beitrag zur Erhaltung der Gesundheit am Arbeitsplatz leisten. Dass im Arbeitsprozess stehende Menschen auch unter schwierigen Bedingungen gesund bleiben können, hat der amerikanisch-israelische Medizinsoziologe Aaron Antonovsky in der „Salutogenese" beschrieben. In seinem „Sense of Coherence" (Kohärenzsinn) beschreibt er die Fähigkeit, Ressourcen zu nutzen, um gesund zu bleiben. Voraussetzungen dafür sind neben der Sinnhaftigkeit einer gestellten Aufgabe auch deren Verstehbarkeit und Bewältigbarkeit. Sinnhaftigkeit im engeren Sinne bedeutet, dass Eigenverantwortlichkeit und persönlicher Einsatz gefragt sind. Ein gesundheitsorientiertes Führungsverhalten und gute Zusammenarbeit unter den Kollegen leisten einen wichtigen Beitrag zur Bewältigbarkeit. Die Voraussetzung für Verstehbarkeit sind eine transparente und zuverlässige Unternehmenspolitik, konsequente und nachvollziehbare Entscheidungen sowie eine klare Verteilung von Kompetenzen und Verantwortung.[45]

Freude bei der Arbeit für höhere Leistungsfähigkeit

Grundsätzlich lässt sich das Wohlbefinden in eine hedonische und eine eudaimonische Achse unterteilen. Die hedonische Achse wird auch als Lustachse bezeichnet und ist auf die Gegenwart und nahe Zukunft gerichtet (Bild 5). Die unmittelbaren Bedürfnisse sind hier Spaß, Vergnügen und Gelüste. Die eudaimonische Achse wird als Sinnachse bezeichnet, wobei die Langfristperspektive und das Erreichen von Zielen höherer Ordnung im Vordergrund stehen.[46]

In einer Studie von Barbara Fredrickson wurde der Zusammenhang zwischen hedonischer und eudaimonischer Achse untersucht. Dazu wurden Blutproben von 80 Probanden entnommen und analysiert. Es zeigte sich ein signifikanter Unterschied bei den CTRA-Genen, das sind diejenigen Stressgene, die das Risiko für Krebs und Demenz erhöhen. Stand bei Probanden das eudaimonische Wohlbefinden im Vordergrund, so ging das mit einer niedrigeren CTRA-Konzentration einher. Das weist auf ein stärkeres Immunsystem hin, was wiederum eine wichtige Voraussetzung für unsere körperliche und physische Gesundheit ist. Die Probanden mit hohem hedonistischem Glücksempfinden hatten hingegen eine hohe CTRA-Konzentration und ein vergleichsweise viel schwächeres Immunsystem.[47]

Stärken nutzen für mehr Wohlbefinden

Zahlreiche Studien zeigen, dass Menschen Stress eher als Herausforderung betrachten, wenn sie sich auf ihre eigenen Fähigkeiten konzentrieren. Wer den Fokus auf die eigenen Stärken legt, kommt mit künftigen Herausforderungen gut zurecht.[48]

Jeder von uns wird mit vielen Talenten geboren. Am glücklichsten sind wir, wenn wir das tun dürfen, wo unsere Stärken liegen.[49]

Jedoch sind uns unsere Stärken nicht immer bewusst. Für das Erkennen der eigenen Stärken kann die „Reflected Best Self Exercise"-Methode herangezogen werden. Dafür werden zehn bis zwölf Menschen im eigenen Umfeld befragt, wobei es sich sowohl um Personen im persönlichen Umkreis wie Freunde und Familienmitglieder handeln kann als auch um Kollegen oder Kunden. Jede Person aus dieser Gruppe soll uns über unsere Stärken Feedback geben und Beispiele nennen, die dies auch situativ verdeutlichen. Dabei werden uns unserer Stärken bewusst und wir erfahren, wie wir wahrgenommen werden. Mit dieser individuellen Analyse können wir uns folgende Fragen stellen:

⇒ Wie kann ich den Job bzw. die Situation ändern, damit meine Stärken auch täglich angewendet werden können?

⇒ Wo werden die Stärken unterdrückt?[50]

Warum man sich bewusst auf seine guten Eigenschaften und Stärken besinnen soll, erklären auch Untersuchungen von Martin

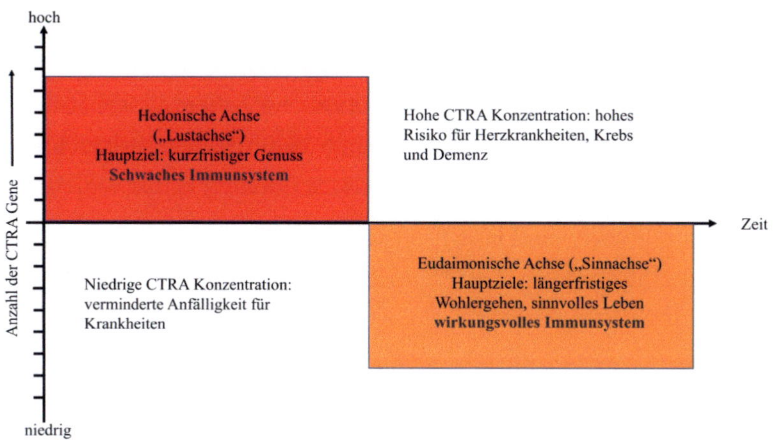

ABBILDUNG 5
CTRA-Gene und die biologischen Auswirkungen

Seligman und Christopher Peterson. Um die eigenen Stärken und Tugenden zu erkennen, sollten diese zunächst konkret definiert und niedergeschrieben werden. Im nächsten Schritt sollten diese Potenziale gezielt in den Alltag eingebracht und weiterentwickelt werden. Ein halbes Jahr lang werden täglich drei Dinge niedergeschrieben, die gut gelungen sind und auch, warum sie geglückt sind. Mit dieser Methode konnten Seligman und Kollegen nachweisen, dass über einen Zeitraum von sechs Monaten die allgemeine Lebenszufriedenheit der Probanden anstieg.[51]

In einem bestehenden Angestelltenverhältnis kann man analysieren, ob die eigenen Talente genutzt werden können. Die Organisation, für die wir tätig sind, sollte nicht nur als Einkommensquelle angesehen werden. Der Job beeinflusst unsere gesamte Identität und bestimmt, ob unsere Tätigkeit uns in der Entwicklung hemmt und uns unserer Energie beraubt oder uns mit Energie erfüllt.[52]

Soziologen unterscheiden zwischen einem Job, einer Karriere und einer Berufung. Ersteren macht man rein des Geldes wegen. Bei einer Karriere steht die Beförderung im Vordergrund. Hat man die oberste Sprosse der Karriereleiter erreicht oder gibt es keine Möglichkeit zum Aufstieg, hält man nach anderer Arbeit Ausschau oder wird man zu einer leeren Hülle, die nur mehr die Zeit absitzt. Einer Berufung folgt man, im Gegensatz dazu, um ihrer selbst willen.[53]

Folgende Punkte sind laut Prof. Martin Seligman wichtig und sagen mit einiger Wahrscheinlichkeit unser Engagement und unsere Arbeitsleistung voraus:

⇒ Meine Arbeit ist eines der wichtigsten Dinge in meinem Leben.

⇒ Ich würde mich heute wieder für die Arbeit entscheiden, die ich bereits mache.

⇒ Bei der Arbeit ist mir mein persönlicher Einsatz wichtig.

⇒ Meine berufliche Leistung beeinflusst, wie ich mich fühle.[54]

2. FLOW BEI DER ARBEIT

Als „Flow" wird derjenige Zustand bezeichnet, in dem wir optimale Leistungen erbringen. Hier stehen Anforderungen und Können im richtigen Verhältnis zueinander. Wir benötigen einen positiven Antrieb und auch ein gewisses Maß an Lust, Neugier und Herausforderung, um etwas Neues aus freien Stücken anzupacken. Als Erster hat dieses Phänomen der aus Ungarn stammende amerikanische Psychologe Mihály Cszíkszentmihályi untersucht.[55]

Befindet man sich im Zustand des Flow, so ist man mit voller Aufmerksamkeit bei der Sache. Es bleibt keine Zeit, sich mit unwichtigen Dingen oder Problemen zu beschäftigen. In dieser Phase verschwindet das Selbstgefühl, das Zeitgefühl wird verzerrt.[56]

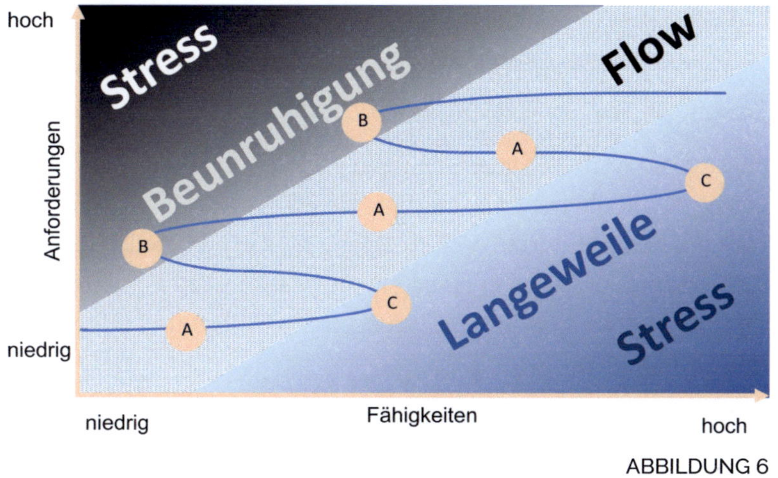

ABBILDUNG 6
Der Flow-Zustand

Flow ist ein angenehmer Zustand, bei dem das emotionale und das kognitive Gehirn harmonisch zusammenarbeiten. Dieses angenehme Phänomen kann sich sowohl beim Sport, beim Ausüben von Hobbys, aber auch beim Arbeiten einstellen. Alles läuft wie von selbst und wir bewegen uns im optimalen Zustand zwischen Unterforderung und Überforderung, zwischen Langeweile und Stress. Hier sind Spitzenleistungen möglich, ohne dass wir uns geistig und körperlich voll verausgaben müssen.[57]

Sind unsere Fähigkeiten sehr hoch, die Aufgabe erfordert jedoch nur wenig, empfinden wir Langeweile und unser Hirn wird sehr anfällig für Störungen und Ablenkungen. Obwohl unsere Leistung in diesem Zustand gering ist, sind wir müde und ausgelaugt. Ist die Herausforderung jedoch zu groß und steht in keinem Verhältnis zu unseren Fähigkeiten, entsteht Stress und Adrenalin wird ausgeschüttet.[58]

Bild 6 stellt das Verhältnis von Unter- und Überforderung und Flow-Zustand grafisch dar.

Dabei bedeutet

A: Anforderung und Fähigkeiten stimmen überein. Das optimale Leistungsniveau ist erreicht, man befindet sich im Flow-Zustand.

B: Sind die Anforderungen zu hoch und stimmen mit den Fähigkeiten nicht überein, verursacht das Stress und Beunruhigung. Hier können wir durch Weiterbildung unsere Fähigkeiten erweitern, um wieder in den optimalen Flow-Zustand zu kommen. Zusätzlich können wir Unterstützung von Kollegen und Führungskräften einholen.

C: Wenn sich die Anforderung an eine Arbeit immer am gleichen Niveau bewegt, kommt es zur Unterforderung und wir werden uns langweilen. Wir brauchen wieder neue Herausforderungen und Entfaltungsmöglichkeiten. Oft bieten sich Aufstiegsmöglichkeiten an, die mit anspruchsvolleren und abwechslungsreicheren Aufgaben verbunden sind. Sollte dies kurzfristig nicht möglich sein, haben wir es trotzdem in der Hand, unsere Fertigkeiten zu verbessern, Neues zu lernen und vielleicht sogar Experte auf einem Gebiet zu werden, um uns neue Möglichkeiten im Beruf zu eröffnen.

STRESS UND AUSWIRKUNGEN AUF PRODUKTIVITÄT UND GESUNDHEIT

1. WAS PASSIERT BEI STRESS?

Stress bezeichnet eine körperliche und psychische Reaktion auf eine akute, aber auch auf eine andauernde Belastung. Dieser Zustand sicherte vor Tausenden von Jahren das Überleben in Gefahrensituationen durch Aktivierung einer Reihe verschiedener Reaktionen und dient uns auch heute noch als „Warnsystem" im Körper. Durch die Temperaturerhöhung laufen chemische Prozesse schneller ab. Um eine Überhitzung zu vermeiden wird die Schweißproduktion erhöht. Die Erweiterung der Pupillen sorgt für eine Ausdehnung des Sichtfelds. Die Steigerung der Herzfrequenz erhöht den Blutdruck, was zu einer stärkeren Durchblutung der Muskulatur führt. Die Atemfrequenz wird gesteigert und erhöht den Sauerstoffgehalt im Blut. Neben dem Nervensystem ist auch das Hormonsystem beteiligt, so kann es zur schnellen oder langsamen Stressreaktion kommen. In beiden Fällen werden über äußere und innere Sinnesrezeptoren Signale zum limbischen System und zu anderen Regionen des Großhirns gesendet. Werden die einlaufenden Signale als Stresssituation interpretiert, werden Stressreaktionen in Gang gesetzt. Bei der schnellen Stresssituation werden Adrenalin und Noradrenalin ausgeschüttet und der Organismus in kurzer Zeit in einen Alarmzustand versetzt. Die langsame Stresssituation wirkt zeitverzögert und die Hauptwege für den Signaltransfer sind die Blutgefäße, wo das langsam wirkende Cortisol ausgeschüttet wird.[59]

Bei lang anhaltendem chronischem Stress wiederholen wir Verhaltensweisen, die schon in der Vergangenheit nicht funktioniert haben und nicht zur Lösung des Problems beitrugen. Stehen wir unter Stress, sind wir nicht in der Lage, neue Muster zu erlernen und erfolgreiche Strategien zu entwickeln.[60]

Eine der wichtigsten Voraussetzungen für ein erfolgreiches Berufsleben ist die Fähigkeit, auch unter Druck gelassen zu bleiben. Erfolgreiche Menschen lernen, trotz starker Erregung ruhig zu bleiben. Stress ist nicht immer etwas Schlechtes, so kann positiver Stress, der sogenannte Eustress, die Funktionen im präfrontalen Cortex sogar steigern.[61]

2. PRODUKTIVITÄT UND STRESS

Bereits im Jahr 1908 entwickelten die Psychologen Robert Yerkes und John Dodson eine Theorie über die menschliche Leistungsfähigkeit. Dargestellt wird diese in Form eines umgekehrten U (**Bild 7**). Bei geringem Stress ist die Leistung gering. Höchstleistungen werden erst ab einem gewissen Stresslevel, dem sogenannten Sweet Spot, erreicht. Es ist ein falscher Ansatz, zu glauben, die Leistungsfähigkeit würde sich verbessern, wenn der Stress verschwindet. Wir brauchen sogar ein gewisses Maß an Stress, den sogenannten Eustress, um zu Höchstleistungen fähig zu sein.[62]

Wir können unsere mentalen Fähigkeiten im Berufsleben erlernen, trainieren und verbessern. Spitzenleistungen erreichen wir am höchsten Punkt der grafischen Darstellung des U. An diesem Punkt ist das mittlere Arousalniveau, das ist der Grad der Aktivierung des zentralen Nervensystems, maximal, der optimale Fokus und die höchstmögliche Aufmerksamkeit sind erreicht. Ohne ausreichenden Arousal-Level empfinden wir Langeweile oder

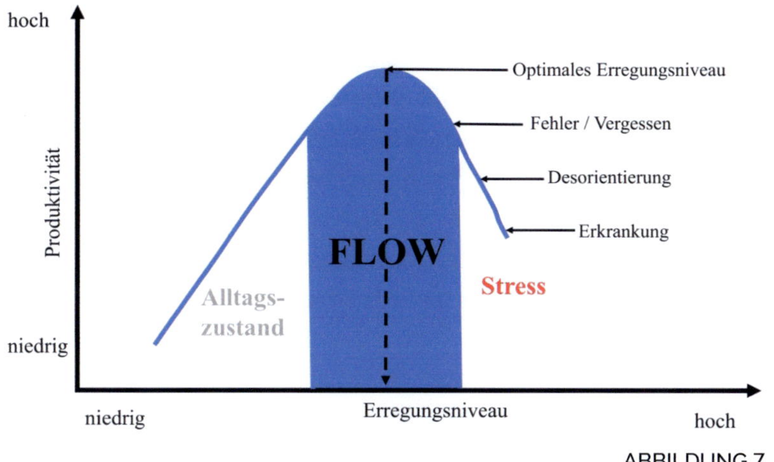

ABBILDUNG 7
Das Yerkes-Dodson-Gesetz

sind apathisch. Mit zunehmendem Anstieg jedoch sinkt das Leistungsvermögen wieder und wir empfinden Stress oder geraten in Panik. Unser Ziel ist es, den richtigen Punkt zu finden.[63]

Stress gibt uns die nötige Energie, um unseren Herausforderungen die Stirn bieten zu können. Um uns handlungsbereit zu machen, weist er den gesamten Körper an, Energie zu mobilisieren. Stresshormone wie Adrenalin und Cortisol helfen unserem Gehirn, diese Energie effizient einzusetzen. Adrenalin weckt unsere Sinne und fokussiert unsere Gedanken auf das Wesentliche. Alles, was nicht absolute Priorität hat, rückt in den Hintergrund. Im Zustand höchster Konzentration erlangen wir Zugang zu mehr Informationen über unsere physische Umgebung. Die Motivation steigt durch den hormonellen Cocktail aus Adrenalin, Endorphin und Dopamin. Viele Menschen finden Gefallen an Stress, da er ein gewisses Hochgefühl erzeugt, unser Vertrauen in uns selbst stärkt und als Folge unseren Willen, unsere Ziele zu verfolgen.[64]

Einige der weltweit bekanntesten Stressforscher auf den Gebieten der Neurowissenschaften, Sonia Lupien und Bruce McEwen, haben die Auswirkungen von chronischem Stress auf das Gehirn untersucht. Chronischer Stress bzw. Lebenszeit-Stress führt demnach zur Beeinträchtigung von Kognition, Gedächtnis und Lernfähigkeit. Davon im Gehirn betroffen sind der präfrontale Cortex, kurz PFC, der für die Verschlechterung der Emotionskontrolle und -regulation sowie für das Arbeitsgedächtnis verantwortlich ist, der Hippocampus, der für die Lernfunktion und Gedächtnisbildung zuständig ist, sowie die Amygdala als Verursacherin für Ängstlichkeit. Negative Auswirkungen von Stress können jedoch bei entsprechender Dauer und Dosis durchaus auch sinnvoll und hilfreich sein. So haben Cortisol und Adrenalin bei richtiger Dosis generell positive Auswirkungen. Während Adrenalin unter anderem die Durchblutung des Gehirns erhöht, kann es zusammen mit Cortisol eine leistungssteigernde und stimmungsaufhellende Wirkung haben.[65]

Das richtige Verhältnis zwischen Einsatz am Arbeitsplatz und Distanzierungsfähigkeit ist für unsere Gesundheit ein wichtiger Faktor. Wir können nicht immer voll bei der Sache sein, sondern brauchen auch entsprechende Pausen. Nach Dienstschluss sollten wir den Kopf frei machen von Gedanken an die Arbeit, was oft schwerfällt. Viele Menschen greifen zu Zigaretten, Alkohol oder zu Tabletten. Für andere ist Sport das wirksamste Mittel, um den Kopf frei zu bekommen. Besonders anstrengungsfreie Bewegungen wie Gehen, Joggen, Schwimmen oder auch Yoga sind geeignete Möglichkeiten, die auch von weniger sportlichen Menschen ausgeübt werden können.[66]

Der Mediziner Töres Theorell von der Karolinska Universitätsklinik in Stockholm entwickelte gemeinsam mit dem US-Soziologen Robert Karasek von der Universität Massachusetts das „Job-Demand-Control" Modell. Es beschreibt eine Balance zwischen den Arbeitsanforderungen „Demands" und dem Entscheidungsspielraum „Control" sowie den jeweils zwei möglichen Ausprägungen Handlungsspielraum und Arbeitsstressoren. Eine große Herausforderung verbunden mit einem geringen Handlungsspielraum, bei dem die Arbeiten bis ins kleinste Detail vorgegeben sind, kann sich psychisch stark belastend auswirken. Hier sollte man jede Möglichkeit nutzen, um die Arbeit möglichst eigenständig planen und einteilen zu können.[67]

Das Modell von Thorell und Karasek zeigt deutlich, dass die Balance zwischen Anforderungen und Entscheidungsspielraum die Voraussetzung für das Gleichgewicht von Gesundheit und ausgewogener Arbeitsleistung und der dabei erlebten Einflussnahme ist.[68]

Die Professorin und Psychologin Christina Malach von der University of California in Berkeley hat die Ursachen von Stress am Arbeitsplatz untersucht und so maßgeblich zur Erforschung des Burn-out-Syndroms beigetragen.

Die Ursachen für das Auftreten von Burn-out am Arbeitsplatz können sowohl mit der Situation am Arbeitsplatz als auch mit einer ängstlichen und pessimistischen Lebenseinstellung der betroffenen Person zusammenhängen. Im ungünstigsten Fall können sich auch beide Faktoren überlagern. Malach identifizierte sechs Aspekte des Arbeitsplatzes, die für die seelische Gesundheit von grundlegender Bedeutung sind:

1. Arbeitsmenge (Work load)

2. Möglichkeit der Einflussnahme auf die Arbeitsabläufe (Control)

3. Belohnung und Anerkennung (Reward)

4. Arbeitsklima und Kollegialität (Community)

5. Transparenz und Gerechtigkeit (Fairness)

6. Sinnhaftigkeit und Wertehaltung verbunden mit der Arbeit (Values)

Vielen Firmen setzen dieses wissenschaftlich fundierte Anti-Burn-out-Programm um.[69]

3. UNTERBRECHUNGEN, STRESS- UND STÖRFAKTOREN IM ARBEITSUMFELD

Das Gehirn reagiert sehr schnell auf Ablenkungen und verbraucht dabei viel Energie. Immer seltener schaffen wir es, uns konzentriert unseren jeweiligen Tätigkeiten zu widmen. Menschen arbeiten im Schnitt an zwölf verschiedenen Themen und Aufgaben pro Tag. Mittlerweile werden 57 Prozent aller Tätigkeiten eines Tages unterbrochen und teilweise am selben Tag nicht wieder aufgegriffen. Nach jeder Unterbrechung muss unser Gehirn eine neue Entscheidung treffen, was als Nächstes zu erledigen ist und an welcher Aufgabe ein Weiterarbeiten sinnvoll ist. Häufige Unterbrechungen sind durch viele Telefonate und E-Mails verursacht, aber auch durch Kollegen, die uns inmitten einer Tätigkeit unterbrechen.[70]

Was jedoch können wir dagegen tun?

Singletasking statt Multitasking

Wenn wir uns nur auf eine Sache konzentrieren, spricht man von Singletasking. Studien im Hirnscanner zeigen, dass wir weniger Energie benötigen, je konzentrierter wir mit einer Tätigkeit beschäftigt sind. Obwohl wir uns anstrengen, erleben wir diesen Zustand als entspannend, und die Zeit vergeht wie im Flug.[71]

Unser Gehirn kann nicht zwei ähnliche Dinge gleichzeitig tun, da für gleichartige Aufgaben dieselben Neuronen beansprucht werden. Wenn man mit einer Aufgabe beschäftigt ist und sich zugleich einer anderen zu widmen beginnt, schaltet unser Gehirn kurz ab. Das liegt daran, dass der präfrontale Cortex, der sensorische Signale empfängt, Zeit benötigt, um die Aufmerksamkeit von einer Aufgabe zur nächsten zu lenken.[72]

Laut Daniel J. Levitin, Professor für Psychologie und Neurowissenschaften der McGill University of Montreal, ist Multitasking für unser Gehirn sehr anstrengend. Der ständige Wechsel von einer Aktivität zur nächsten führt im präfrontalen Cortex und im Striatum zu einem erhöhten Verbrauch von Glukose, dem selben Treibstoff, den wir benötigen, um uns zu konzentrieren. Durch den erhöhten Glucoseverbrauch fühlen wir uns in kurzer Zeit erschöpft und desorientiert.[73]

Der Psychologe Harold Pashler wies nach, dass selbst bei Harvard-Absolventen die kognitive Kapazität auf den Stand eines Achtjährigen sinken kann, wenn zwei geistige Aufgaben gleichzeitig zu lösen sind. In der Psychologie nennt man dieses Phänomen Interferenz in Doppelaufgaben oder auch dual-task interference. In einem Experiment wurden die teilnehmenden Personen angewiesen, einen von zwei Schaltern zu drücken, je nachdem, ob ein Licht auf der linken oder der rechten Seite eines Fensters aufleuchtete. Während eine Gruppe ausschließlich diese Aufgabe zu bewältigen hatte, musste die andere Gruppe gleichzeitig die Farbe eines Objekts definieren. Hier konnten die Probanden zwischen drei verschiedenen Farben wählen. Bei der gleichzeitigen Erfüllung von zwei Aufgaben brauchten die Versuchspersonen sogar doppelt so lange. Wer auf Genauigkeit und Schnelligkeit der Arbeit Wert legt, sollte seine Aufmerksamkeit nicht teilen.[74]

Da wir nur eine begrenzte Aufmerksamkeitskapazität haben, müssen wir uns bei anstrengenden Aktivitäten voll und ganz auf eine Sache konzentrieren.[75] Wir können nur dann mehrere Aufgaben mühelos gleichzeitig erledigen, wenn sie einfach bzw. anspruchslos sind. Bei automatisierten Abläufen wie beim Autofahren können wir uns auf ungefährlichen Landstraßen gleichzeitig mit unserem Beifahrer unterhalten.

42Durch Unterbrechungen kann es bis zu 50 Prozent länger dauern, bis eine Aufgabe erledigt ist, und die Fehlerrate kann auf über 50 Prozent ansteigen. Oft vergehen nur einige Sekunden, um von einer Aufgabe zur anderen zu springen. Dennoch vergehen laut Studie der Universität California 23 Minuten, bis man voll konzentriert zur ursprünglichen Arbeit zurückkehrt.[76]

Dauerablenkung durch E-Mails

Der Großteil der Berufstätigen lässt während der Arbeitszeit das E-Mail-Programm im Hintergrund immer offen, bei 55 Prozent ist es auch privat weiterhin aktiv. Fast die Hälfte dieser Personen werden bei eingehenden Benachrichtigungen durch akustische oder optische Signale bei ihrer derzeitigen Tätigkeit gestört. Bei 41 Prozent der Berufstätigen ist das Checken der E-Mails die erste Tätigkeit am Tag, und selbst im Urlaub überprüfen 62 Prozent den E-Mail-Eingang regelmäßig.[77]

Untersuchungen zeigen, dass sich Veränderungen in diesem Bereich positiv auf unser Arbeitsverhalten und auf unsere Gesundheit auswirken. Bereits nach fünf Tagen reduzierter E-Mail-Nutzung waren weniger Unterbrechungen und somit längere konzentrierte Arbeitsphasen messbar. In dieser kurzen Zeit wirkte sich dies auch positiv auf unsere Gesundheit aus, da der Stresslevel signifikant zurückging.

Den Arbeitstag offline zu starten ist ein wichtiger Schritt zu einem effizienten Zeitmanagement. Die erste Stunde des Tages sollte für die Planung und Priorisierung unserer Aufgaben zur Verfügung stehen. Ist das E-Mail-Programm nur zu gewissen Zeiten geöffnet, können Ablenkungen so weit wie möglich vermieden werden. Oft können anstelle von E-Mails kurze Telefonate vieles effizienter abdecken und unnötige Rückfragen ersparen. Wer weniger Mails verschickt, erhält auch weniger Antworten. Auch hat es sich als ratsam erwiesen, mit CC und BCC sparsam umzugehen, da solche Informationen die Adressaten Zeit kosten, für deren tägliche Arbeit jedoch oft nicht unmittelbar relevant sind.[78]

Smartphone-Nutzung

Das Gehirn reagiert sehr schnell auf Ablenkungen und verbraucht dabei viel Energie. Indem wir das Handy zeitweise abschalten, fällt es uns leichter, fokussiert zu arbeiten.[79]

Die ständige Smartphone-Nutzung verursacht Stress und hat auch Auswirkungen auf unseren Schlaf. Wer sein Handy am Abend häufig nutzt, wird durch das blaue Licht nicht so richtig müde und kann unter Einschlafschwierigkeiten leiden. Auch wenn die neuesten Smartphone-Modelle mit weniger Blaulicht ausgestattet sind, kann das Licht trotzdem Auswirkungen auf unsere innere Uhr haben.[80]

In einer Studie von Andrew Przybylski und Netta Weinstein aus dem Jahr 2013 wurden fremde Personen eingeladen, sich miteinander zu unterhalten. Ohne Telefon auf dem Tisch – selbst wenn es ausgeschaltet war – fanden die Versuchspersonen die Unterhaltung empathischer und vertrauensvoller als mit dem Telefon im Blickfeld. Die Studie zeigte, dass unser Gehirn in diesem Fall ständig abgelenkt ist und sich auf den gegenwärtigen Augenblick nur schlecht konzentrieren kann.[81] Durch das Empfinden ständiger Bereitschaft kann unsere Privatsphäre leiden und uns Stress verursachen.[82]

Cal Newport, Bestsellerautor von „Konzentriert arbeiten", empfiehlt, alle sozialen Netzwerke vom Smartphone zu löschen. Die Smartphone-Version wirkt sich wesentlich stärker auf Ablenkungen aus und beansprucht unsere Aufmerksamkeit viel stärker als am Desktop-Computer oder Laptop. Zum Unterschied vom Laptop oder Desktop-Computer ist unser Smartphone „allgegenwärtig", wodurch wir wesentlich mehr Zeit mit im Smartphone gespeicherten Netzwerken verbringen. Sobald wir alle Social-Media-Apps löschen, können wir fokussierter arbeiten und sind den ständigen Ablenkungen nicht ausgesetzt.[83]

ARBEITSUMFELD ANALYSIEREN, VERHALTENSWEISEN ÄNDERN, ZUKUNFT PLANEN

1. ANALYSIEREN, UM ZU ERKENNEN

Damit wir chronischen Stress reduzieren oder besser bewältigen können, müssen wir zunächst die Situation, die den Stress auslöst, erkennen und analysieren. Das fällt nicht immer leicht, weil die Stressmerkmale oft sehr unterschiedlich und daher auch schwer zu erkennen sind. In stressigen Situationen neigt unser Gehirn dazu, einfache Lösungen zu ergreifen und umso mehr an Gewohnheiten festzuhalten, ohne neue Lösungswege aufzuzeigen. In diesem Alarmzustand finden wir keine Zeit, um neue Optionen zu finden. Jedoch müssen wir sofort reagieren, um Verhaltensänderungen einzuleiten. Eine schriftliche Bestandsaufnahme von Stresswarnsignalen hilft uns, unser Verhalten zu analysieren. Wie wirken sich Termindruck, Ärger, ungenaue Anweisungen, aber auch zu wenig Schlaf, Bewegungsmangel und Beziehungsprobleme auf unser Wohlbefinden aus, was möchten wir wirklich ändern und wie soll sich diese Änderung am Arbeitsplatz künftig auswirken? Diese Analyse nimmt man am besten nicht unmittelbar vor dem Zu-Bett-Gehen vor, damit sie sich nicht negativ auf unseren erholsamen Schlaf auswirkt.[84]

Veränderung fällt uns schwer, deshalb sollten wir uns zunächst auf eine einzige Veränderung konzentrieren. Nach erfolgreicher Umsetzung merken wir, dass wir auch andere Verhaltensweisen im Leben verändern können. Die Veränderungswünsche sollten so klar wie möglich schriftlich formuliert werden, damit werden die Erfolgsaussichten gesteigert.[85]

Mittlerweile gibt es viele Ideen, Anregungen und elektronische Tools, die bei der Analyse hilfreich sein können und uns vor Augen führen, wo die Zeit hingeht.

Timeular Der Timeular Tracker ist ein Zeiterfassungsgerät in Gestalt einer doppelten Pyramide mit acht Seiten. Jede Seite kann für eine Aktivität definiert werden und durch Drehen werden die jeweiligen Aktivitäten automatisch zeitlich erfasst. Dieser Tracker kann mit der Desktop-App oder einer mobilen App verbunden werden. Jede Aktivität wird aufgezeichnet, sodass man eine übersichtliche Darstellung erhält, welche Aufgaben bzw. Aktivitäten die meiste Zeit in Anspruch nehmen und wie viel Zeit für Ablenkungen verloren gehen.

ATracker ATracker ist eine Zeitmanagement-App, die einen Überblick über unseren Tagesablauf gibt. Mittels Berührung kann man vordefinierte Aktivitäten starten und stoppen. Ein Balken- oder Kreisdiagramm visualisiert, wofür wir unsere Zeit verwendet haben. Unterschiedliche Aufgaben am Arbeitsplatz, Schulungen, aber auch Freizeitaktivitäten können mittels dieser App erfasst werden. Der Zielbericht am Ende des Tages zeigt uns auf, wohin unsere kostbare Zeit geht und wo Einsparungspotenzial besteht.

2. VERHALTENSWEISEN ÄNDERN

Für viele Menschen sind Veränderungen selbst dann unangenehm, wenn sie rationale Vorteile mit sich bringen. Das Gewohnte vermittelt uns das Gefühl der Sicherheit. Gewohnheiten sind in den Basalganglien abgespeichert. Die Bereitschaft zu Verände-

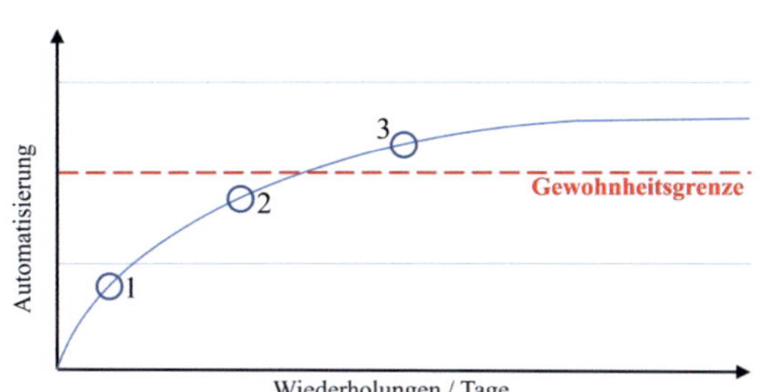

ABBILDUNG 8
Gewohnheitsgrenze und Automatisation

rungen erfolgt meistens erst dann, wenn der Leidensdruck schon sehr groß ist und diese auch einen deutlichen positiven Effekt mit sich bringen.[86]

„Neuronen, die gemeinsam feuern, finden einen Draht zueinander" („What fires together, wires together"). Dieser berühmte Satz stammt von Donald Hebb, einem Pionier der Neuropsychologie. Unseren Neuronen fällt es schwer, elektrische Signale in eine gewisse Richtung zu lenken und auf einen Pfad zu „feuern", der vorher noch nicht aktiviert wurde. Jeder neue Schritt ist mit einer gewaltigen Anstrengung verbunden.[87] Mit ständigen Wiederholungen entstehen in diesem Prozess Nervenbahnen und neuronale Netzwerke. Im Laufe der Zeit verfestigen sich diese zu einem „Trampelpfad", sodass Aufgaben zu Routineaufgaben werden und einfach und gewohnheitsmäßig abgewickelt werden können. Die meisten neuronalen Verbindungen werden, sofern sie nicht ständig genutzt werden, jedoch wieder gekappt und lösen sich auf.[88]

Laut einer Studie des European Journal of Social Psychology 2009, dauert es zwischen 18 und 254 Tage, bis neue Gewohnheiten automatisiert und ohne Anstrengung ablaufen.[89]

3. ZUKUNFT PLANEN

Kleine Schritte zu neuen Gewohnheiten lösen mehr Dopamin aus, als wenn man sich große Errungenschaften vornimmt. Wer Glücksgefühle immer an weit entfernt liegende Ziele knüpft, könnte letztendlich völlig frustriert sein. Kein Erfolg sollte als zu gering angesehen werden, auch große Dinge erwachsen aus vielen kleinen Schritten. Oft reichen schon zehn Minuten am Tag, um dem Ziel in kleinen Schritten näherzukommen. Für kleine Erfolge ist eine Selbstbelohnung ein guter Motivationsfaktor. [90]

Das richtige Ziel zu setzen gibt Klarheit über die Marschrichtung und steigert unser Sicherheitsempfinden. Hier sind Hin-Ziele wesentlich motivierender, geben eine klare Vorstellung über unseren erfolgversprechenden Weg und erzeugen daher auch ein positives Gefühl. Hingegen erzeugen Weg-Ziele negative Emotionen, da wir unseren Fokus auf all jenes richten, was schiefgehen kann. Häufig kommen uns Probleme schneller in den Sinn als Lösungen. Unser Gehirn strebt nach Sicherheit, und mögliche Probleme sind oft leichter zu erkennen als Lösungen, die erst erarbeitet werden müssen.[91]

Für die erfolgreiche Umsetzung der geplanten Ziele ist große Selbstdisziplin notwendig. Klare Ziele mit einprägsamen Bildern können zum Erfolg beitragen. Für konkrete Situationen, wo man Verhaltensweisen ändern möchte, sollte man sich die Ziele und Bilder immer wieder vor Augen halten.[92]

Unter Stress funktionieren neu erlernte Selbstmanagementtechniken nicht und müssen daher in ruhigen Situationen mit wenig Stress erlernt werden. Durch häufiges Üben werden diese neuen Techniken automatisiert und können später bei Bedarf abgerufen werden.[93]

Werden diese Techniken gemeinsam im Team implementiert, wird Energie gespart. Bei ungelösten Fragen kann man um Hilfe bitten, wodurch oft ein Vertrauensverhältnis entsteht. Alte Abläufe können so leichter durch neue Automatismen ersetzt werden. Erst in Stresssituationen zeigt es sich, ob die neuen Abläufe auch tatsächlich eingespielt sind und eingehalten werden. In diesen Situationen sollte ganz besonders auf die Einhaltung der neuen Routinen geachtet und bei Bedarf sollten wieder Anpassungen vorgenommen werden.[94]

Unser Hirn neigt dazu, sich nicht zu weit von Bekanntem zu entfernen. Es hat die Angewohnheit, die erstbeste Lösung anzustreben, was nicht zu kreativen Ideen führt. Dennoch gibt es viele erfolgreiche Menschen, die die eigenen Regeln außer Kraft setzen und Neues entwickeln können. Kreatives Denken erfolgt überwiegend unbewusst. Unser Gehirn ist auch im zunehmenden Alter formbar und myelinisierte Schaltkreise können sich ein Leben lang entwickeln. Durch flexibles Denken und Einfallsreichtum können wir unsere Umgebung umgestalten und einen Beitrag für uns und unsere Gesellschaft leisten.[95]

Zusammenfassend stellen sich folgende Fragen:

⇒ Was möchte ich verändern? Bis wann?

⇒ Welche konkreten Maßnahmen sind für die gewünschte Veränderung nötig?

⇒ Mit welchen kleinen Schritten kann ich rasch eine positive Veränderung herbeiführen?

ARBEITSABLÄUFE ORGANISIEREN

1. ROUTINE IM ALLTAG INTEGRIEREN UND ENERGIE SPAREN

Wir können unsere Leistungsfähigkeit erhöhen, indem wir viele Aufgaben Routinen unterwerfen. Durch ständige Wiederholungen benötigen wir für gewisse Tätigkeiten keine bewussten Ressourcen und können somit Energie sparen. Routinetätigkeiten werden in einer Hirnregion, den Basalganglien, abgespeichert (**Bild 8**). Je öfter wir diese Aufgaben erledigen, umso weniger Aufmerksamkeit wird für deren Ausführung benötigt und die Prozesse laufen automatisiert ab. Für anspruchsvolle Tätigkeiten gilt das jedoch nicht.[96]

Beim Erlernen von Fertigkeiten wie Klavierspielen oder Fahrradfahren ist zunächst eine Beteiligung des Cortex mit bewusster Durchführung und Konzentration nötig. Mit zunehmender Automatisierung der gelernten Fertigkeit verlagert sich das Zentrum der Aktivität in die Basalganglien und das Kleinhirn benötigt immer weniger corticale Aktivität zur Ausübung der erlernten Tätigkeit. Sie können mit der Zeit ohne Anstrengung und Aufmerksamkeit automatisiert ausgeführt werden. Durch bewusstes Nachdenken über die Abfolge kann der Ablauf sogar gestört werden. Wir können in Worten immer schwerer beschreiben, wie genau diese Aufgaben erfüllt worden sind, je höher der Automatisierungsgrad ist.[97]

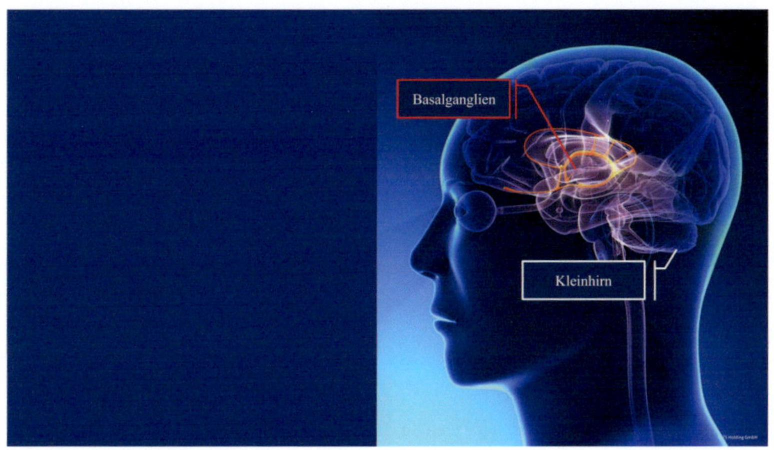

ABBILDUNG 9
Basalganglien und Kleinhirn

Ob die neuen Abläufe wirklich eingespielt sind und funktionieren, zeigt sich erst in Stresssituationen.[98] Um diese gut zu meistern, sollten in Arbeitsabläufe so viele Routinen wie möglich eingebaut werden. Basalganglien brauchen Muster. Sich ständig wiederholende Aufgaben müssen im Geist „verankert" werden, oft reichen drei Wiederholungen aus.

Für die praktische Umsetzung sind folgende Überlegungen relevant:

⇒ Bei welchen Aufgaben geht viel Zeit unnötig verloren?

⇒ Welche Abläufe sind nicht automatisiert und kommen ständig vor?

⇒ Wie könnte der Ablauf automatisiert ablaufen, um dabei wertvolle Energie zu sparen?

⇒ Was soll als Erstes umgesetzt werden?

2. ORGANISATION STATT CHAOS

Termine und Ideen festhalten

Schriftlichkeit macht den Kopf frei und entlastet den präfrontalen Cortex. Das spart Energie und hilft, die Arbeitsleistung zu maximieren. Auf einem Blatt Papier können alle wichtigen Arbeitsprojekte und Ideen festgehalten werden. Bei der Verarbeitung von Informationen können wir den Energieverbrauch weiter senken, indem wir Bilder einsetzen, um uns etwas konkreter vorstellen zu können. Hier wird der visuelle Cortex angesprochen, der bei Geschichten, Abbildungen und bei allem, was im Geiste ein Bild erschafft, aktiviert wird.[99]

Bilder bestimmen unser Denken, Fühlen und Handeln und haben somit Einfluss auf unsere neuronalen Netzwerke im Gehirn. Positive Bilder stärken unser Selbstwertgefühl und wirken sich günstig auf unsere Arbeitsmotivation aus. Negative Bilder hingegen lösen Angst aus. Auch bei der Erreichung unserer Ziele können uns motivierende Bilder unterstützen und zum Erfolg beitragen.[100]

Oft gehen uns gute Ideen und noch zu erledigende Aufgaben überraschend durch den Kopf. Hier ist es von Vorteil, diese sofort niederzuschreiben, um den Kopf wieder frei zu haben. Sobald wir diese Gedanken schriftlich oder in einem elektronischen Begleiter festgehalten haben, wird unser Gehirn und somit unser Arbeitsspeicher entlastet und Aufgaben und spontane Einfälle gehen nicht verloren.[101]

Caroll Ryder entwickelte das Bullett Journal. Das ist ein Notizbuch, in dem Terminplaner, Tagebuch und To-do-Liste gemeinsam abgebildet werden. Diese Methode hilft, die Gedanken zu ordnen und die Produktivität zu steigern. Alles, was dazu benötigt wird, ist ein Notizbuch und etwas zum Schreiben.[102]

Ein Diktiergerät eignet sich ebenso, Geistesblitze während des Tages festzuhalten, damit diese nicht ständig im Kopf herumschwirren und unser Denken nicht von aktuellen Tätigkeiten abgelenkt wird. Komplexere Aufgaben und Ideen können auch gut am Whiteboard abgebildet, mehrere Projekte dargestellt und die einzelnen Aufgaben zueinander in Verbindung gebracht werden.[103]

To-do-Listen für weniger Stress und besseren Schlaf

Eine einfache, aber dennoch sehr hilfreiche Methode zum Abbau von Stress sind To-do-Listen. Täglich sind wir mit zahlreichen Aufgaben konfrontiert, die uns durch den Kopf gehen. Das führt zu einem Gefühl der Überforderung und verursacht unnötigen Stress. Unser Gehirn beschäftigt sind sich ständig mit Vorgängen, die noch nicht erledigt sind und noch bevorstehen, wie eine Studie von Scullin zeigte. In diesem Experiment mussten die Versuchsteilnehmer vor dem Zu-Bett-Gehen für fünf Minuten eine To-do-Liste für den nächsten Tag anfertigen. Die Kontrollgruppe schrieb hingegen eine Liste über Dinge, die sie bereits abgeschlossen hatten. Hier zeigte sich, dass die Gruppe mit der To-do-Liste signifikant schneller einschlief. Je genauer diese Liste ausfiel, desto kürzer war die Einschlafzeit.[104]

David Allen empfiehlt, alle Aufgaben, die weniger als 2 Minuten dauern, sofort zu erledigen. Der Zeitaufwand für die Eintragung in die To-do-Liste wäre sonst größer als der Zeitbedarf der entsprechenden Ausführung.[105]

Im Jahr 1927 untersuchte die russische Psychologin Bluma Zeigarnik in einem Wiener Kaffeehaus das Phänomen, warum der Kellner ohne Notizen die bestellten Runden fehlerlos servierte, sich jedoch nach Bezahlung nicht mehr an die Bestellung erinnern konnte. Dieser Effekt ist unter dem Namen Zeigarnik-Effekt bekannt und besagt, das sich Menschen besser an unerledigte Handlungen erinnern als an erledigte. Das Gehirn beschäftigt sich ständig mit unerledigten Aufgaben, die wir im Kopf haben und unnötig Stress verursachen. Durch To-do-Listen wird der Kopf frei und der Fokus wird stärker auf die eigenen Aufgaben gelenkt. Ist die Aufgabe erledigt, wird der Neurotransmitter Dopamin ausgeschüttet und sorgt für mehr Motivation.[106]

Mit der Hand schreiben statt tippen

Das Schreiben per Hand klingt im digitalen Zeitalter altmodisch und wird oft als Rückschritt gesehen. Eine Anzahl von Forschungsarbeiten zeigt jedoch auf, dass wir Informationen besser verarbeiten, wenn wir diese handschriftlich festhalten. In einem Experiment an der Princeton University und der University of California untersuchten die Forscher die Unterschiede zwischen Studierenden, die ihre Notizen handschriftlich anfertigten, und Studierenden, die diese in den Laptop eintippten. Die Teilnehmer mit Laptop schrieben schneller und fertigten in einer Minute 33 Wörter zum Unterschied zur handschriftlichen Gruppe mit 22 Wörtern. Hier zeigte sich, dass sich Studierende mit handschriftlichen Notizen die Informationen länger einprägten und die Inhalte auch besser verstanden. Beim Schreiben mit der Hand werden mehrere Hirnregionen gleichzeitig aktiviert und aufgrund der geringeren Schreibgeschwindigkeit sind wir gezwungen, uns auf die wesentlichen Punkte zu konzentrieren.[107]

Die Handschrift des digitalen Zeitalters

Wer sich mit dem Schreiben mit Stift und Papier nicht anfreunden kann, dem stehen auch neue Techniken mit Tablets und elek-

tronischen Stiften zur Verfügung, die den Handschrift-Effekt nutzen können. Letztendlich geht es darum, die Informationen nicht
gedankenlos niederzuschreiben und somit das Notieren bewusster anzugehen. Der E-Ink-Writer der norwegischen Firma reMar-
kable ist ein Tablet zum Lesen von ebooks und Dokumenten sowie zum Skizzieren und Notieren von Mitschriften. Das Tablet
mit dem mitgelieferten Stift vermittelt ein Gefühl, das dem des
Schreibens auf Papier mit einem Bleistift gleicht. Mit minimalisti-
scher Software ausgestattet, soll es uns von Ablenkungen abhalten. Es verzichtet auf Social Media und Internetzugang und sorgt
so für ein ablenkungsfreies Notieren mit dem Vorteil, dass sich die
Mitschriften in Text umwandeln und per Mail versenden lassen.

EFFEKTIVITÄT STEIGERN FÜR MEHR ERFOLG IM BERUF

1. MIT DEM EISENHOWER-PRINZIP AUFGABEN BESSER PRIORISIEREN

Eine wichtige Schlüsselqualifikation für ein erfolgreiches Berufsleben ist es, Prioritäten setzen und das Wichtige vom Unwichtigen unterscheiden zu können. Wer hart im Beruf an unwichtigen Aufgaben arbeitet, wird keinen Erfolg haben. Viel wichtiger ist es, sich Aufgaben zu widmen, die für das Unternehmen wichtig sind und sich auch auf unseren beruflichen Erfolg positiv auswirken.[108]

Das Eisenhower-Prinzip ist eine Methode aus dem Zeitmanagement und hilft, Prioritäten nach „Wichtigkeit" und „Dringlichkeit" zu unterscheiden. Diese Aufteilung wird dem ehemaligen US-Präsidenten Dwight D. Eisenhower zugeschrieben.[109]

Bei der Eisenhower-Methode geht es darum „nicht die Dinge richtig zu tun" (Effizienz), sondern „die richtigen Dinge zu tun" (Effektivität). Welche Aufgabe zuerst kommt, wie die sinnvolle Reihung von Aufgaben aussieht, ist in **Bild 9** dargestellt.

A-Aufgaben: wichtig und dringend
Kurzfristig haben diese Dinge Vorrang und müssen sofort erledigt werden, um negative Konsequenzen zu vermeiden.

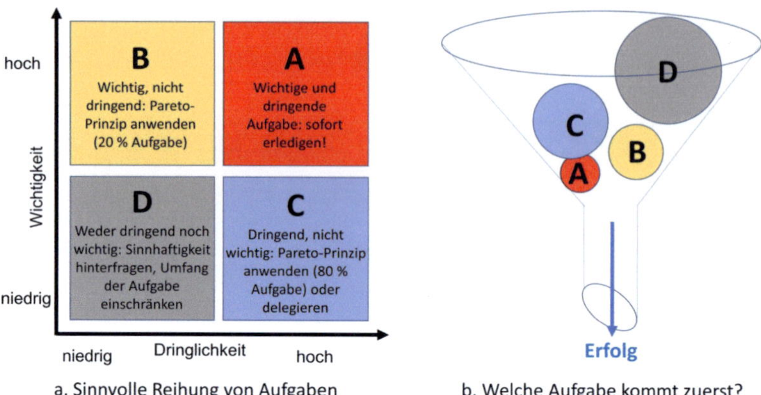

ABBILDUNG 10
Das Eisenhower Prinzip

B-Aufgaben: wichtig und nicht dringend

Für diesen Bereich muss proaktiv Zeit im Terminkalender reserviert werden. Auf diese Dinge kommt es wirklich an und sie bringen uns unserem Erfolg näher.

C-Aufgaben: dringend und nicht wichtig

Dieser Bereich ist schnell und effizient abzuarbeiten, wenn möglich delegieren.

D Aufgaben: nicht wichtig und nicht dringend

Diese Aufgaben sind so weit wie möglich einzuschränken bzw. zu eliminieren.[110]

Die Entscheidung von „wichtig" und von „weniger wichtig" wird im präfrontalen Cortex (PFC) getroffen. Diese Region ist für die vorausschauende Handlungsplanung und die Fähigkeit kreativen Denkens zuständig. Mittels Magnetresonanztomograph lässt sich gut feststellen, dass unser PFC immer dann aktiv ist, wenn wir unsere geistigen Fähigkeiten nutzen.[111]

Unser Unterbewusstsein benötigt einen genauen Terminplan mit konkreten Zielen und anstehenden Aufgaben, die zu erledigen sind. Wenn wir eine Aufgabe erledigt haben, setzt unser Gehirn Botenstoffe frei, die Wohlbefinden und Glücksgefühle auslösen. Stress und Angstgefühle hingegen können bei unvollständig erledigten Aufgaben ausgelöst werden. Vor allem bei wichtigen Aufgaben ist Disziplin ein wesentlicher Erfolgsfaktor für Erfolg und Zufriedenheit.[112]

Zu Beginn unseres Arbeitstages sind wir noch voller Energie und leistungsfähig. Das ist eine günstige Zeit, um den Tagesablauf zu planen und Prioritäten festzulegen. Dabei sollten wir sparsam mit unseren geistigen Kapazitäten umgehen, damit unser Gehirn nicht so schnell ermüdet. Um nicht ständig zwischen Denk- und Routinearbeiten zu wechseln, hat sich die Einteilung in feste Zeitblöcke bewährt. Während weniger wichtige Aufgaben in Zeiten, wo wir weniger produktiv sind, erledigt werden können, gehören Arbeiten, wo Denken gefragt ist, in Zeiten bearbeitet, zu denen unsere geistige Leistungsfähigkeit hoch ist.[113]

2. ZEITGEWINN MIT DEM PARETO-PRINZIP

Das Pareto-Prinzip ist nach dem Erfinder Vilfredo Pareto bekannt und wird auch 80/20-Regel genannt. Dieser italienische Wirtschaftswissenschaftler fand heraus, dass etwa 20 % der Bevölkerung 80 % des Grund und Bodens besaß. Dieses Prinzip lässt sich für viele Bereiche anwenden. Für das Zeitmanagement besagt diese extrem wirksame Methode, dass 80 % der Ergebnisse mit 20 % des Gesamtaufwandes erreicht werden können. Die verbleibenden 20 % der Ergebnisse erfordern mit 80 % des Gesamtaufwandes die meiste Arbeit und bringen im Vergleich nur einen geringen Erfolg.[114]

Pareto

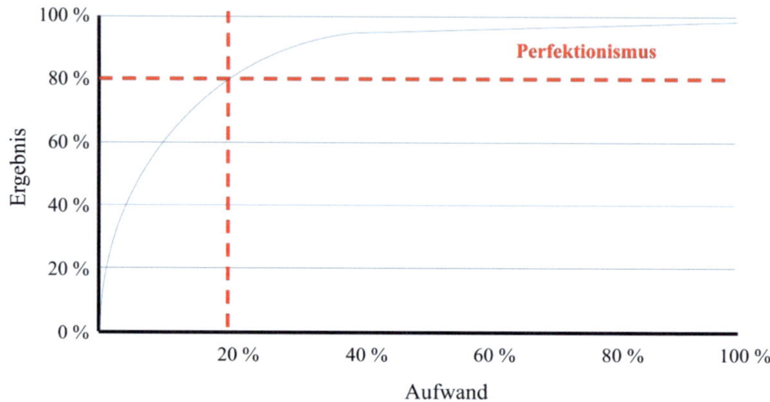

ABBILDUNG 11

Das Pareto Prinzip. Mit 20 % Aufwand zu 80 % Erfolg

Oft stellen wir an uns zu hohe Ansprüche und verbrauchen dabei wertvolle Energie. Perfektionismus und Detailgenauigkeit sind durchweg nützliche Eigenschaften, doch nur die wenigsten Aufgaben erfordern dies. Gemäß dem Pareto-Prinzip bzw. der 80/20 Regel **(Bild 10)** erreicht man durch 20 Prozent der Aufgaben 80 Prozent der Ergebnisse. Wer immer versucht, die Dinge perfekt zu machen, verliert viel Energie, Zeit und hat dadurch unnötig Stress. Dort, wo ein hundertprozentiges Ergebnis keinen erkennbaren Mehrwert schafft, ist eine „80/20 Lösung" die effizientere Variante.[115]

Ausgeprägter Perfektionismus und die Vorstellung, nur durch vollen Arbeitseinsatz die volle Anerkennung zu erhalten, sind häufige Ursachen für Job-Burn-out.[116]

Sobald wir unsere To-do-Liste erstellt haben, eruieren wir die wichtigsten 20 Prozent der Aufgaben. Für diese Aufgaben verwenden wir unsere volle Aufmerksamkeit und Konzentration.

Jene Tätigkeiten, die für unsere Ziele und Ergebnisse wenig beitragen, verschieben wir. Oft sind es jedoch gerade diese Aufgaben,
die wir gerne erledigen, Disziplin ist daher gefragt![117]

Das Pareto-Prinzip zeigt, dass auch mit weniger Aufwand ein gutes Ergebnis erzielt werden kann. Es ist nicht immer unbedingt
notwendig, Dinge perfekt zu machen. Eine gute Arbeit dient der
Erledigung unseres Arbeitspensums oft mehr als eine perfekte, da
man die gewonnene Zeit für andere bzw. wichtigere Aufgaben
nutzen kann.[118]

Folgende Fragestellungen helfen beim Erstellen einer Prioritätenliste:

⇒ Welche Aufgaben können mit nur 20 % Aufwand bearbeitet
   werden und tragen dennoch zu 80 % des Erfolgs bei?

⇒ Bei welchen Tätigkeiten ist Perfektionismus nicht notwendig
   oder sogar nicht angebracht?

⇒ Wo kann man Zeit einsparen, ohne wesentliche Qualitätsverluste hinnehmen zu müssen?

3. DIE POMODORO-TECHNIK NACH FRANCESCO CIRILLO

Die Pomodoro-Technik ist eine beliebte Selbstmanagement-Methode, die in den 1980er Jahren vom Italiener Francesco Cirillo
entwickelt wurde. Für diese Methode hat Cirillo einen Kurzzeitwecker – im alltäglichen Sprachgebrauch Eieruhr genannt – verwendet, der wie eine Tomate aussah. Das italienische Wort für
Tomate ist Pomodoro, daher der Name der Methode. Der Vorteil
der Verwendung einer Eieruhr besteht darin, dass man zu konzentriertem Arbeiten angeregt und an Pausen erinnert wird.

⇒ Für jeden Tag eine schriftliche To-do-Liste erstellen und nach Prioritäten einteilen und Zeitbedarf schätzen.

⇒ Aufgaben mit Top-Priorität am Tagesanfang erledigen.

⇒ Aufgabenblöcke aus zusammengehörenden Aufgaben bilden. Den Timer auf 25 Minuten stellen und mit dem ersten Block starten.

⇒ Konzentriert ohne Abschweifungen und Unterbrechungen fokussiert arbeiten, bis der Timer klingelt.

⇒ Sobald der Wecker klingelt, alles abhaken, was erledigt ist. Das motiviert uns und spornt uns für weitere Ziele bzw. Aufgaben an.

⇒ Fünf Minuten Pause. Das Gehirn braucht Erholungsphasen, um wieder mit Höchstleistungen arbeiten zu können.

⇒ Nach vier bis fünf Durchgängen von je 25 Minuten eine längere Pause von 15 bis 20 Minuten einlegen, um neue Energie zu tanken. Lange Pause nutzen, um sich zu bewegen und, wenn möglich, in die Natur zu gehen, sich mit Kollegen zu unterhalten. Nicht für Social Media nutzen![119]

Statt der Eieruhr gibt es mittlerweile einige Apps, die deren Funktion übernehmen.

Focus Keeper – Time Management Die Focus Keeper App bietet einen nützlichen und kostenlosen Einstieg in die Pomodoro-Technik. Gegen geringen Aufpreis kann die Focus Keeper Pro-Version gewählt werden, bei der noch weitere Einstellungsmöglichkeiten freigeschaltet werden. Die einzelnen Phasen sind bereits vorprogrammiert und können akustisch je nach Wunsch entweder mit Musik oder diversen Tönen abgebildet werden.

Be Focused Pro Dieser leistungsstarke Planer unterstützt bei der Umsetzung der Pomodoro-Technik, bei dem große Ziele und Aufgaben in kleinere Abschnitte unterteilt werden, was sich positiv auf die Motivation und den Erfolg der Umsetzung auswirkt. Jahresziele können auf vierteljährliche, monatliche, wöchentliche und tägliche unterteilt werden. Die erledigten Aufgaben können auch jederzeit als Datei exportiert werden, um ein Protokoll für die Umsetzung der Ziele zu erhalten.

Flat Tomato Diese App bietet neben einer ansprechenden Benutzeroberfläche die Möglichkeit, aus anderen Apps wie Kalender oder To-do-Listen Aufgaben zu importieren. Wer im Arbeitsfluss gestört wird, kann mit Doppelklick die Anwendung unterbrechen und den Grund für die Unterbrechung anführen. In den Einstellungen kann der Sound, der bei der Arbeit und in den Pausen begleitet, gewählt werden.

4. ZEITDRUCK VERMEIDEN

Bei Zeitdruck aktiviert unser Gehirn den Hypothalamus, die Steuerzentrale des vegetativen Nervensystems. Der Hypothalamus sendet bei Zeitdruck Signale aus, die wiederum die Ausschüttung von Stresshormonen wie Adrenalin und Noradrenalin zur Folge haben. Ein gewisses Quantum davon brauchen wir, um optimale Leistungsfähigkeit zu erlangen. Wird jedoch eine zu hohe Konzentration an Adrenalin und Noradrenalin ausgeschüttet, wird der Körper in Alarmbereitschaft versetzt und verschiedene Symptome wie Herzklopfen, erhöhter Blutdruck und Schweißausbrüche werden ausgelöst. Sehr häufig führt in unserem Berufsleben ein voller Terminkalender zu einem hohen Stresspegel, der unsere kognitiven Fähigkeiten wie Lernen und Wahrnehmung beeinträchtigt.[120]

In einer Stresssituation sind wir oft nicht in der Lage, eine zielführende Lösung zu finden. Durch fehlende Ressourcen und ständige Unterbrechungen kommen wir oft unter Druck. Statt an die zu bewältigenden Aufgaben zu denken, haben wir negative Empfindungen. Anstatt unseren Fokus auf Lösungen zu richten, malen wir uns negative Szenarien aus.[121]

Unter großem Zeitdruck wird der präfrontale Cortex lahmgelegt und wir neigen zu Bauchentscheidungen, was selten von Vorteil ist. Gerade bei wichtigen Entscheidungen sollten wir uns nicht unter Druck setzen lassen. Eine Auszeit von 2–3 Stunden kann sich auf unser Entscheidungsvermögen positiv auswirken. Sollte dies zeitlich nicht möglich sein, kann eine 15-minütige Pause schon helfen.[122]

Das Wort „schnell" sollten wir in diesem Zusammenhang aus unserem Sprachgebrauch streichen. Dieses Wort erzeugt unnötigen Zeitdruck und kann für schlechte Planung verantwortlich sein. Für viele ist das nur Wortklauberei, aber mit modernen Methoden der Hirnforschung lässt sich doch klar zeigen, dass jedes Wort auf der körperlichen Ebene seine Spuren hinterlässt. Dies wirkt sich auch auf unser Verhalten und auf unsere Stimmung aus.[123]

Wenn wir wichtige Aufgaben zu lange nicht erledigen, entsteht unnötig Druck. Die Folgen sind Schlaflosigkeit und Orientierungslosigkeit. Ein gutes Gefühl ist es, wenn wir loslegen und die Aufgaben zu Ende bringen.[124]

Für große und komplizierte Aufgaben und Projekte lohnt es, einige Tage vor Beginn der geplanten Arbeit ein Mind-Map zu erstellen. So gewinnt man einen ersten Überblick und das Unterbewusstsein kann sich bereits mit dem Thema beschäftigen. Mit dieser Methode schieben wir große Aufgaben nicht vor uns her und haben auch schon kreative Einfälle bei Projektbeginn parat.[125]

Forscher der Wharton School, der Business School der University of Pennsylvania, USA, untersuchten, wie wir mit Zeitdruck besser umgehen können. Dieser Zustand ist nicht nur anstrengend, sondern führt auch oft zu schlechten Entscheidungen. In einer Studie wurden Probanden in zwei Gruppen geteilt. Während die Probanden der einen Gruppe einen unverhofften Freizeitgewinn für sich selber nutzen durften, wurden die anderen aufgefordert, diese Zeit zu investieren, um anderen Menschen zu helfen. Überraschenderweise hatte jene Gruppe, die anderen geholfen hatte, weniger das Gefühl von Zeitknappheit. Sie fühlten sich nicht nur nützlicher und kompetenter, sondern konnten auch besser mit Druck umgehen.[126]

5. DEN RICHTIGEN RHYTHMUS FÜR DIE AUFGABEN FINDEN

Während für jeden von uns der Tag einen 24-Stunden Rhythmus hat, haben dennoch Personen zu unterschiedlichen Zeiten Hoch- und Tiefpunkte. Während 40 Prozent der Bevölkerung zu den Morgenmenschen zählen und schon in den Morgenstunden zu Höchstleistungen in der Lage sind, gehören 30 Prozent der Bevölkerung zu den Abendmenschen. Weitere 30 Prozent der Bevölkerung liegen zwischen Morgen- und Abendmenschen, wobei eine leichte Tendenz zum Abendmenschen überwiegt. Abendmenschen sind in den frühen Morgenstunden in einem schlafähnlichen Zustand und das Gehirn funktioniert noch nicht optimal. Hier ist häufig der präfrontale Cortex, der unter anderem für komplexe Gedanken und logische Überlegungen zuständig ist, blockiert und braucht noch Zeit, bis die optimale Leistungsfähigkeit erreicht wird, die ein effizientes Arbeiten ermöglicht. Abendmenschen können diesen Zustand nicht so einfach ändern, da ihre DNA auf Leistungsfähigkeit zu einer späteren Tageszeit vorprogrammiert ist.[127]

Der Leistungshöhepunkt sollte für geistig anstrengende Aufgaben, die hohe Konzentration erfordern, genutzt werden. Routinetätigkeiten und Organisatorisches hingegen können auch in Phasen, in den wir unser Leistungstief haben, erledigt werden. Während der leistungsfähigen Phasen unterliegt unser Biorhythmus einem 90-Minuten-Zyklus. Ein Zwischentief macht sich in nachlassender Konzentration bemerkbar. Pausen sind deshalb enorm wichtig.[128]

GESUNDE LEISTUNGSFÄHIGKEIT STEIGERN

Wie gut wir unser volles Potenzial ausschöpfen können, hängt von der Neurogenese ab, also von der Geschwindigkeit, mit der neue Nervenzellen gebildet werden. Diese ist von Mensch zu Mensch ganz unterschiedlich. Während die einen neue Neuronen auf Hochtouren produzieren, erfolgt dies bei den anderen nur sehr eingeschränkt. Durch die Bildung neuer Neuronen wird das Gehirn ständig aufgefrischt und steigert seine Leistungsfähigkeit. Das macht sich dahingehend bemerkbar, dass die einen engagiert, offen und positiv durchs Leben gehen. Bei den anderen ist dies nicht der Fall, die kognitiven Fähigkeiten sind eingeschränkt, und Gedächtnisschwund sowie Stress und Ängste sind die weiteren negativen Folgen.[129]

1 BEWEGUNG FÖRDERT KÖRPER UND GEIST

Wer sich sportlich betätigt, hält nicht nur den Körper fit, sondern fördert auch die geistige Leistungsfähigkeit. Das belegen zahlreiche wissenschaftliche Studien.

Der Hippocampus ist für die Bildung neuer Gedächtnisinhalte zuständig und ermöglicht eine Verschiebung von Inhalten aus dem Kurz- ins Langzeitgedächtnis. Der Hippocampus schrumpft ab dem zwanzigsten Lebensjahr um 1–2 % pro Jahr. Dieser Vorgang ist so langsam, dass wir ihn am Anfang kaum wahrnehmen. Mit den Jahren geht jedoch ein merklicher Teil unserer Gehirnstruktur verloren und es fällt uns schwerer, etwas Neues zu behalten. Neben dem Hippocampus schrumpfen auch viele Gebiete der Gehirnrinde, was mit einem Verfall unserer allgemeinen kognitiven Fähigkeiten einhergeht. Wir können jedoch gegensteuern, denn ausreichende Bewegung verlangsamt diese Vorgänge.[130]

Körperliche Fitness ist nicht nur für die Bildung neuer Gehirnzellen wichtig, sondern das Gehirn wird auch mit mehr Sauerstoff versorgt. Van Praag und Gage zeigten auf, dass kein Leistungssport dazu erforderlich ist. Es genügt schon zügiges Gehen, um die Entwicklung neuer Gehirnzellen anzuregen.[131]

Regelmäßige Bewegung sollte zur Routine werden und im Alltag integriert sein. Deshalb sollte die Sportart auch Freude bereiten und sich im Körper gut anfühlen.[132]

Eine Studie von Mary Caroll Hunter von der Amerikanischen Universität Michigan zeigt, dass ein Aufenthalt in einem Wald oder Park positive Auswirkungen auf unser Stressverhalten hat. Die Testpersonen mussten bei dieser Untersuchung acht Wochen lang pro Woche drei Spaziergänge im Grünen zu je mindestens 10 Minuten unternehmen. Dauer und Ort konnte dem individuellen Lebensstil angepasst werden, jedoch sollte der Spaziergang bei Tageslicht erfolgen und ohne Ablenkungen wie Internet, Telefon, Unterhaltungen in Ruhe genossen werden. In dieser 8-wöchigen Untersuchung konnte nachgewiesen werden, dass sich der Cortisolspiegel der Testpersonen deutlich gesenkt hatte. Am meisten reduzierte sich der Wert bei Spaziergängen von einer Dauer von 20 bis 30 Minuten. Wer mehr Zeit im Grünen verbrachte, konnten den Effekt weiter steigern, jedoch nicht mehr so stark wie in den ersten 20 bis 30 Minuten.[133]

Es ist gar nicht schwer, kurze Bewegungseinheiten in den Alltag zu integrieren.

⇒ Mittagspausen im Freien, in der Natur, wo und wann immer möglich

⇒ Mit dem Fahrrad oder zu Fuß zur Arbeit

⇒ Stufen steigen, statt Lift benutzen

⇒ Zwischendurch aufstehen und z. B. zum Kopierer gehen, ein Glas Wasser holen ...

2. MIT DER RICHTIGEN ERNÄHRUNG ZU MEHR LEISTUNG

Die Ernährung ist für die Leistungsfähigkeit unseres Gehirns wichtig. Viele Menschen nehmen jedoch Nahrungsmittel zu sich, die sich negativ auf die Bildung von neuen Neuronen auswirken. So manche Ernährungsgewohnheiten sind von klein auf anerzogen und müssen abtrainiert werden. In der Regel sind zwei bis drei Wochen erforderlich, bis anstatt der alten Ernährungsgewohnheiten neue an ihre Stelle treten. Ein Übermaß an Kalorien führt zu einer niedrigen Neurogenese-Rate und beeinträchtigt unsere kognitive Leistungsfähigkeit. Positiv erweisen sich verlängerte Abstände zwischen den Mahlzeiten. Beim sogenannten Intervall-Fasten wird für 12 bis 14 Stunden vollständig auf Essen verzichtet. Das wirkt sich auch auf den sogenannten BDNF-Spiegel aus, der dabei erhöht wird.[134] BDNF („Brain-derived neurotrophic factor") ist ein Protein aus der Gruppe der Neurotrophine, das mit den Nervenwachstumsfaktoren eng verwandt ist.

Für die Neurogenese-Rate spielen Zink, Vitamin A, Thiamin (Vitamin B1) und Folsäure (Vitamin B9) eine wichtige Rolle. Bei Unterversorgung können Vitamine und Mineralien auch mit entsprechenden Präparaten ausgeglichen werden.[135]

Besonders in stressigen Zeiten sollte auf gesunde Ernährung geachtet werden. Jedoch gerade bei Zeitmangel ist die Verlockung groß, zu ungesunden Lebensmitteln zu greifen. Zum Beispiel können sich Speisen, die zu viele tierische Fette enthalten, insofern negativ auswirken, als dass sie noch mehr Stress verursachen. Stattdessen sollten wir unseren Körper mit gesunden Lebensmitteln, Vitaminen, Obst und Gemüse versorgen. Saisonale und regionale Lebensmittel sollten dabei bevorzugt werden. Die bewusste und achtsame Essensaufnahme in der Gemeinschaft fördert dazu noch die Ausschüttung von Glückshormonen.[136]

Laut Ernährungswissenschaft gehört die mediterrane Diät zu den gesündesten weltweit. Dies ist auf ihren hohen Anteil an Polyphenolen zurückzuführen, die sich als Antioxidantien auswirken. Davon profitiert auch das Gehirn, da Entzündungen auch in diesem Bereich gehemmt werden.[137]

Für eine ausgeglichene Gemütsverfassung benötigen wir den Neurotransmitter Serotonin. Dieser kommt in gewissen Nahrungsmitteln vor, muss jedoch erst über den Blutkreislauf ins Gehirn kommen. Als Barriere muss die Blut-Hirn-Schranke überwunden werden, die für viele Lebensmittel wie Bohnen und Bananen ein Hindernis ist. Unser Gehirn kann Serotonin nachweislich aus Tryptophan und Aminosäure produzieren, die in Nüssen, Fisch, Rindfleisch, grünem Tee und Schokolade vorkommen.[138]

3. GUTER SCHLAF FÜR REGENERATION UND ERHOLUNG

Ein Erwachsener benötigt laut Weltgesundheitsorganisation eine durchschnittliche Schlafdauer von acht Stunden. Die durchschnittliche Schlafdauer ist bei den meisten von uns in den letzten

Jahrzehnten drastisch gesunken, was bereits erhebliche Auswirkungen auf unsere Gesundheit und auf unser Wohlbefinden hat.[139]

Durch unser modernes Leben wird unser Schlafrhythmus oft aus der Bahn geworfen. Die Ursachen sind oft auf den spätabendlichen Fernsehkonsum und den digitalen Zeitvertreib zurückzuführen. Die fünf wesentlichen Faktoren, die unsere Schlafdauer und Schlafqualität entscheidend beeinflussen, sind elektrische Beleuchtung, Raumtemperatur, Koffein, Alkohol und das erzwungene Aufwachen durch die vorgegebenen Arbeitszeiten.[140]

Ebenso führt erhöhter Stress dazu, dass wir schwer einschlafen können, obwohl wir erschöpft sind. Schlafmangel wirkt sich negativ auf die Neurogenese aus. Hier spielt auch die Schlafqualität eine entscheidende Rolle.[141]

Das Ausmaß der Auswirkungen auf unsere kognitiven Fähigkeiten wurde in einem Experiment an Testpersonen festgestellt. Hier ließ man die Beteiligten mehrere Nächte wach im Schlaflabor liegen. Anschließend wurden sie Tests unterzogen, um ihre Fähigkeiten zu prüfen, zwischen unterschiedlichen Aufgaben zu

grün	gelb	rot	blau	grün
rot	schwarz	grün	rot	schwarz
gelb	blau	weiß	schwarz	weiß
rot	grün	blau	gelb	grün
weiß	blau	rot	grün	weiß

wechseln. Dazu wurde der Stroop-Test herangezogen, der nach seinem Erfinder John Stroop benannt ist. Bei diesem Test werden die Namen verschiedener Farben präsentiert, die jedoch mit einem andersfarbigen Stift niedergeschrieben werden (**Bild 11**). So wird z. B. die Farbe Blau in Rot geschrieben usw. Die Testpersonen müssen die Farbe nennen, in der das Wort geschrieben ist, nicht jedoch das Wort vorlesen. Muss man die Farbe benennen, wird das Lesen der Buchstaben unterdrückt. Je länger der Test dauert, umso anstrengender ist er. Man braucht für die richtige Antwort immer länger, und falsche Antworten schleichen sich mit der Zeit ein. Hier zeigt es sich auch, dass der Stroop-Test umso anstrengender ist, je weniger man geschlafen hat.[142]

Im Berufsleben sind Kreativität, Motivation, Effizienz, Leistungsbereitschaft sowie emotionale Stabilität wichtige Eigenschaften. Diese Fähigkeiten werden jedoch durch kürzere Schlafdauer systematisch untergraben, was zu schlechteren Arbeitsleistungen führt. Müde Menschen sind unproduktiver und finden weniger Lösungen für die alltäglichen berufsbezogenen Herausforderungen. Auch wenn sich diese Leute noch so anstrengen und auch länger arbeiten, werden sie ihr Unternehmen nicht mit produktiver Innovation fördern. Unausgeschlafene Menschen haben auch weniger Freude am Beruf, und das wirkt sich auch auf die Stimmung aus. Stimmungsschwankungen und unüberlegte Entscheidungen sind weitere Auswirkungen. Es lässt sich durch

Hirnaufnahmen feststellen, dass der für die Selbstkontrolle und Impulsbeherrschung wichtige Frontallappen bei Schlafmangel nicht richtig gesteuert wird.[143]

Wie sich Schlafmangel in neuronaler Hinsicht auf das emotionale Gehirn auswirkt, zeigte eine Studie mit kernspintomografischen Gehirnaufnahmen. Zwei Gruppen gesunder junger Erwachsener wurden zu diesem Zweck im Labor genauestens untersucht. Während eine Gruppe die gesamte Nacht lang wach blieb, durfte die zweite Gruppe schlafen. Am nächsten Tag zeigte man während der Gehirnaufnahmen beiden Gruppen dieselben hundert Bilder mit unterschiedlichen Darstellungen von emotional negativ besetzten und auch von emotional neutralen Bildern. Es wurde verglichen, wie sich bei den beiden Versuchsgruppen die Hirnaktivität der Amygdala veränderte. Die starken Gefühle wie Zorn und Wut wurde bei den an Schlafmangel leidenden Probanden um über 60 Prozent verstärkt. Bei der ausgeschlafenen Gruppe zeigte sich dagegen eine kontrollierte und gemäßigte Reaktion.[144]

Wir erzeugen bei Schlafmangel eine unangemessene emotionale Verhaltensweise. Weshalb unser Emotionszentrum im Gehirn ohne Schlaf so extrem reagiert, zeigte eine weitere Untersuchung. Nach einem guten Schlaf arbeiten der präfrontale Cortex und die Amygdala in Einklang. Während der präfrontale Cortex für rationales und logisches Denken sowie für Entscheidungsfindung zuständig ist, kann die Amygdala das emotionale Gehirnzentrum durch hemmende Impulse steuern. Ohne Schlaf verlieren wir die rationale Kontrolle und geraten daher in eine emotionale Schieflage.[145]

4. SOZIALE KONTAKTE AUS NEUROBIOLOGISCHER SICHT

Nachhaltiges Glück und Zufriedenheit sind an eine positive Verbundenheitserfahrung gekoppelt, wie eine in der Zeitschrift „Nature" veröffentlichte wissenschaftliche Studie zeigt. Unsere biologische „Werkseinstellung" setzt auf Fürsorge und Altruismus statt auf Egoismus und Abwehr als Grundprinzip. Für den langfristigen Erfolg sind Teamfähigkeit, das Eingehen von Bindungen sowie gemeinsame Erfahrungen wichtige Voraussetzungen.[146]

Ein Experiment der Hirnforscherin Naomi Eisenberger zeigt, was in unserem Gehirn auch unter harmlosen Umständen passieren kann. Testpersonen wurden zu diesem Zweck einem Hirnscan unterzogen, während sie ein einfaches Videospiel spielten, bei dem ihre Spielfigur zwei anderen einen Ball zuwarf. Die Testpersonen gingen davon aus, dass die beiden anderen Figuren ebenfalls von Menschen gesteuert wurden. In Wirklichkeit handelte es sich jedoch um computergesteuerte Figuren. Zunächst verhielten sich die computergesteuerten Figuren nett und warfen allen auch regelmäßig den Ball zu. Nach einer Weile jedoch grenzten sie die menschlichen Figuren aus und warfen sich den Ball nur mehr gegenseitig zu. Sobald die menschlichen Figuren nicht mehr mitspielen durften, wurden Teile der Schmerzmatrix im Gehirn der Versuchspersonen aktiv. Selbst wenn es sich nur um Belangloses wie ein einfaches Videospiel handelt, nimmt das Gehirn die Ausgrenzung ernst, wodurch soziales Leid entsteht. Hier werden dieselben Hirnregionen aktiviert wie bei körperlichem Schmerz. Der vordere cinguläre Cortex (anterior cingular cortex ACC) ist, wie Eisenberger und Kollegen in Sciene berichten, ein neuronales Alarmsystem und somit bei körperlichen Schmerzen wie auch bei

Ausgrenzung aktiv. Je stärker die Zurückweisung, desto höher die Aktivität im ACC.[147]

Oxytocin wirkt als Neurohormon direkt im Gehirn und hat positive Auswirkungen auf unser Selbstberuhigungssystem. Zusätzlich steigt der Serotoninspiegel, was sich positiv auf unser Wohlbefinden auswirkt und außerdem zu einer reduzierten Stressbelastung führt.[148]

76

Der Oxytocinspiegel wird durch positive soziale Interaktionen wie einfühlsame Gespräche, gemeinsame Erlebnisse und Vertrauen erhöht.[149]

5. ACHTSAM UND FOKUSSIERT BEI DER ARBEIT

Achtsam zu sein bedeutet, im Jetzt zu sein, ohne dass die Gedanken abschweifen. Ohne Ablenkungen im Hier und Jetzt zu sein reduziert nicht nur Stress, sondern schützt auch unsere Gesundheit und wirkt sich positiv auf unsere Stimmung aus. Aber gerade bei stressigen Aufgaben fällt es uns nicht leicht, achtsam zu sein.[150]

Unsere Aufmerksamkeit richtet sich bevorzugt auf Dinge, die negativ und nicht stimmig sind. Dieses Fokussieren auf Negatives erfolgt automatisch im Gehirn und garantiert unser Überleben schon seit grauer Vorzeit. Auf jedes Gefahrensignal reagieren wir schneller und stärker als auf erfreuliche Dinge. Um unsere Lebenszufriedenheit und innere Einstellung zu verbessern, müssen wir uns im Leben immer wieder bewusst auf Positives konzentrieren. Diese Fähigkeit ist eine wichtige Voraussetzung für unseren Erfolg und unser seelisches Wohlbefinden. Wer sein Denken ständig auf negative Aspekte ausrichtet, läuft Gefahr, früher oder später an einer Depression zu erkranken. Sein Hauptaugenmerk auf die positiven Dinge zu legen, ist auch mit positiven Gefühlen verbunden. Hier werden im Gehirn die Belohnungsschaltkreise aktiviert und Dopamin und Endorphine ausgeschüttet.[151] Damit wir weniger über das nachdenken, was in unserem Leben schiefgeht, ist die Übung „Was gut gelaufen ist" förderlich. Jeden Abend vor dem Zu-Bett-Gehen schreibt man drei Dinge auf, die gut gelaufen sind, und auch, warum sie gut gelaufen sind. Für diese Übung benötigt man nur maximal zehn Minuten, und diese drei Dinge müssen auch nicht weltbewegend wichtig sein. Damit können wir die Neigung unseres Gehirns, sich auf negative Dinge einzustellen, überwinden und können üben, uns mit positiven Ereignissen zu beschäftigen.[152]

Achtsamkeitstraining kann laut verschiedenen Studien zur Verbesserung der Emotionsregulation beitragen. Mit Achtsamkeitstraining können selbst negative Situationen so umgedeutet werden, dass man ihnen letztendlich auch etwas Gutes abgewinnen kann.[153]

In Studien konnten Dr. Sara Lazar und Britta Hölzel nachweisen, dass sich bereits nach acht Wochen Achtsamkeitstraining bestimmte Areale des Gehirns verändern und sich neu vernetzten oder umstrukturierten. Die Hirnaktivitäten in der Amygdala werden reduziert und somit auch unsere Sorgen und Ängste. Achtsamkeitstraining ist für Selbst- und Stressmanagement eine effektive Methode, mittels derer die Amygdala weniger und der präfrontale Cortex stärker aktiviert werden. Unsere Emotionsregulation wird verbessert, unsere Empathie und unser Verständnis für andere nimmt zu.[154]

Eine Studie von Matthew Killingsworth und Daniel Gilbert von der Harvard University in „A wandering mind is an unhappy mind" zeigt, dass die Menschen im Schnitt zu 47 % der Zeit mit ihren Gedanken nicht im gegenwärtigen Moment sind. In dieser Studie wurden die Testpersonen mittels iPhone-App befragt, worauf sie ihre Aufmerksamkeit gerade im jeweiligen Moment richteten. Wie die Auswertung der Studie ergab, waren diejenigen Menschen glücklicher, wenn sie ihre Aufmerksamkeit auf das lenkten, was sie gerade taten, und zwar unabhängig davon, ob sie gerade mit etwas Unangenehmem oder Angenehmem beschäftigt waren. Wenn wir unseren Geist abschweifen lassen, sind wir nicht nur fehleranfälliger, sondern auch schlechter gelaunt.[155]

6. IM JOB IST EMOTIONSMANAGEMENT GEFRAGT

Aktives Emotionsmanagement

Strategien zur Kontrolle unsere Emotionen sind maßgeblich für das Gelingen von zwischenmenschlichen Beziehungen verantwortlich und tragen auch entscheidend zu einem sozialen Miteinander bei. Im Berufsleben wird von uns erwartet, dass wir unabhängig von unserem Gefühlszustand folgende Voraussetzungen erfüllen:

⇒ Vorgesetzten und Kollegen gegenüber freundlich sein

⇒ Kunden freundlich mit einem Lächeln begrüßen

⇒ Motiviert und mit einer positiven Einstellung arbeiten

⇒ Auch in Stresssituationen gelassen bleiben

Das fällt nicht immer leicht und macht daher ein ständiges und aktives Emotionsmanagement erforderlich.

Die eigenen Gefühle zu unterdrücken, führt nicht zum Erfolg, wie der an der Stanford University lehrende Psychologieprofessor James Gross nachweisen konnte. Ganz im Gegenteil, dann werden die Gefühle sogar mächtiger. Das bemerken die Gesprächspartner, wodurch bei ihnen ein negatives Gefühl ausgelöst wird, was sich auch bei uns nachteilig auf unsere Gesundheit auswirkt, da der Blutdruck steigt.[156]

In einer Studie von Matthew Lieberman von der University of California (UCLA) gibt es eine einfache Selbstregulierungstechnik. Indem wir unsere Gefühle benennen, können wir unsere Emotionen positiv beeinflussen. Bei dieser Studie schauten sich 30 Versuchspersonen Bilder von wütenden, verärgerten oder glücklichen Gesichtern an. Im ersten Schritt mussten die Versuchspersonen dem gezeigten Gesicht ein anderes Gesicht mit einem ähnlichen Ausdruck zuordnen. Im zweiten Schritt mussten sie dem im Bild gezeigten Gesicht einem Begriff zuordnen, der den Gesichtsausdruck genau benannte. Sobald die Testpersonen die auf den Gesichtern dargestellten Emotionen mit Worten benannten, zeigte die Amygdala weniger Aktivität, wie auf Magnetresonanztomographie-Scans zu sehen war. Der rechte ventrolaterale präfrontale Cortex zeigte hingegen eine erhöhte Aktivität, die Gefühle konnten besser gesteuert werden.[157]

Der 3:1-Quotient

Emotionen begleiten uns den ganzen Tag und beeinflussen unser Verhalten. Wir durchleben im Laufe eines Tages verschiedene Gefühlszustände, von Freude und Heiterkeit bis hin zu Ärger und sogar Wut.

Eine positive Lebenseinstellung verbessert unsere Lebensqualität. Wir können unsere Emotionen beeinflussen und eingefahrene gefühlsbedingte Gewohnheiten verändern. Jedoch empfindet niemand von uns zu 100 % positiv, eine ausschließlich positive Einstellung anzunehmen wäre unrealistisch. Sobald der Quotient zwischen positiven und negativen Emotionen den Bereich von 3:1 übersteigt, fühlen wir uns glücklicher und sind auch kreativer und produktiver. Indem wir unsere Tagesabläufe analysieren, können wir negative Ereignisse lokalisieren. Damit können wir die tägliche Routine überdenken und Situationen erkennen, die uns aus dem Gleichgewicht bringen. Das kann zum Beispiel durch die Fahrt zur Arbeit geschehen, oder durch Gespräche mit gewissen Kollegen und Kunden oder Arbeitsabläufe, die uns belasten. Barbara Fredrickson empfiehlt hier 3 Strategien:

Modifizieren Zum Beispiel Wartezeit auf den verspäteten Bus auf der Fahrt zur Arbeit ist unvermeidlich und kann auch nicht geändert werden. Wenn wir uns, statt uns zu ärgern, diese Zeit für ein engagiertes Lernerlebnis mit Hörbüchern nutzen, können wir diese Zeit sinnvoll verbringen.

Sich konzentrieren Nicht mehrere Dinge gleichzeitig erledigen.

Neu bewerten Eine Situation aus einem anderen Blickwinkel betrachten, worauf im nächsten Abschnitt noch ausführlich eingegangen wird.[158]

Positive Emotionen durch Neubewertung der Situation

Situationen können sich je nach unserer eigenen Einschätzung ganz unterschiedlich auf unsere Emotionen auswirken, und sie können als positiv oder als negativ aufgefasst werden. Der Sinn einer Neubewertung einer negativen Situation ist, den Blickwinkel so zu verändern, dass dieselbe Situation als weniger belastend erscheint. Dadurch können negative Emotionen in der Intensität abgeschwächt oder gar nicht erst ausgelöst werden. In vielen Fällen kann eine Neubewertung bewirken, dass emotions- oder stressauslösende Situationen in einem positiveren Licht gesehen und empfunden werden wie in **Bild 12** veranschaulicht. **Tabelle 1** gibt Beispiele für eine erfolgreiche Umsetzung.[159]

Die Neubewertung fördert die kognitive Kontrolle, ausgelöst durch eine erhöhte Aktivierung in den präfrontalen Arealen, was wiederum zu einer verringerten Aktivität in der Amygdala führt.[160]

TABELLE 1: BEISPIEL FÜR DIE PRAKTISCHE UMSETZUNG,
(aus: Barnow, S., Gefühle im Griff. S. 159)

SITUATION	REAKTION AUF KRITIK	
	BEWERTUNG NEGATIV	NEUBEWERTUNG
Bewertung	Sie fühlen sich minderwertig … „Wie komme ich dazu, kritisiert zu werden?"	„Die Rückmeldung hilft mir, dass ich mich weiterentwickeln kann."
Emotion	Sie fühlen sich beleidigt, traurig oder wütend.	Sie sind dankbar, optimistisch und davon überzeugt, es nächstes Mal besser machen zu können.
Handlung	Sie meiden diese Personen oder beschweren sich bei anderen.	Sie notieren sich die Punkte und haben das Gefühl, es das nächste Mal besser zu machen.

Eine Situation neu zu bewerten sollte in einem ausgeruhten Zustand geübt werden, da dafür viel Stoffwechselenergie notwendig ist. Durch regelmäßiges Trainieren lassen sich auch schwierige Aufgaben der Neubewertung leichter bewältigen. Mit der Zeit ist immer weniger Anstrengung notwendig, da sich eine stärkere Verbindung zwischen dem präfrontalen Cortex und dem limbischen System entwickelt.[161]

In einem Experiment von Kevin Ochsner von der Columbia University New York konnte nachgewiesen werden, dass sich Gefühle durch Neubewertung positiv verändern lassen. Mithilfe einer

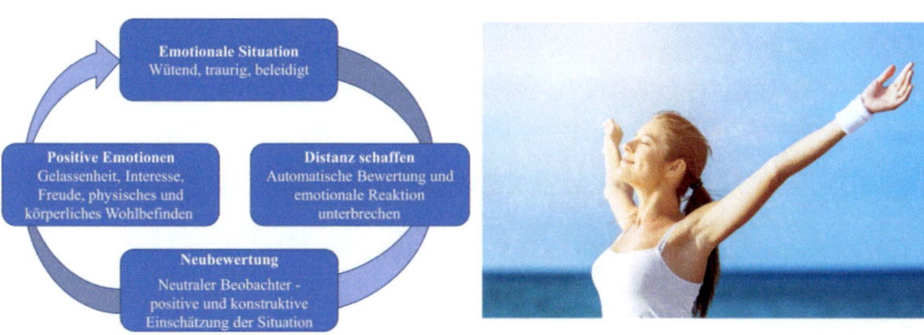

ABBILDUNG 13
Umgang mit der emotionalen Situation

funktionellen Magnetresonanztomographie wurden die Aktivitäten in den verschiedenen Gehirnregionen gemessen. Während des Gehirnscans wurden den Versuchspersonen im ersten Schritt negative Bilder wie z. B. von Flugzeugabstürzen, zähnefletschenden Rottweilern und todkranken Kindern gezeigt. Hier zeigte sich eine hohe Aktivität im limbischen System und nur eine geringe Aktivität im präfrontalen Cortex. Dann sollten die Probanden die Bilder wie folgt interpretieren: Niemand ist beim Flugzeugabsturz ums Leben gekommen; der zähnefletschende Rottweiler ist hinter dem Zaun und das todkranke Kind wird wieder gesund werden. Wurden nun mit dieser positiven Beurteilung wiederum Messungen durchgeführt, zeigte sich eine erhöhte Aktivität im präfrontalen Cortex, während die Aktivitäten in der Amygdala abnahmen.[162]

Für Erfolg im Berufsleben ist es wichtig, auch unter Druck gelassen zu bleiben. Der Einsatz neurowissenschaftlich getesteter Techniken verhilft zu mehr Erfolg im Berufsleben. Durch diese Techniken kann in belastenden Situationen die Aktivität der Amygdala reduziert und gleichzeitig die Aktivität im präfrontalen Cortex gesteigert werden.[163]

ZUSAMMENFASSUNG UND SCHLUSSFOLGERUNGEN

Rund ein Drittel unserer kostbaren Lebenszeit verbringen wir am Arbeitsplatz. Das ist wesentlich mehr Zeit, als uns für Freizeit und Familie zur Verfügung steht. Die berufliche Tätigkeit bestimmt unsere Lebensqualität in hohem Maße. Die Arbeit kann eine erfreuliche Sache sein und uns Freude und Erfüllung bereiten, aber sie kann auch krank machen. Im Laufe eines Tages sind wir verschiedenen Gefühlszuständen ausgesetzt, nicht jeder Tag verläuft wunschgemäß. Die Erkenntnisse der Neurowissenschaften zeigen auf, dass wir durch Techniken wie „Neubewertung der Situation" auch gegensteuern, die emotionale Bewertung positiv verändern und die Aktivität in der Amygdala reduzieren können. Mit dieser neurowissenschaftlich getesteten Methode können wir auch unter Druck und in negativen Situationen gelassen bleiben.

Ein wichtiger Erfolgsfaktor für unsere berufliche Leistungsfähigkeit und Zufriedenheit ist ein Job, der glücklich macht und zur eigenen Person passt. Dazu müssen wir uns unserer Stärken bewusst werden und eine Tätigkeit suchen, wo wir diese auch einsetzen können. Am glücklichsten sind wir, wenn unser Job Freude bereitet und wir darin Sinn finden, was für das langfristige Wohlergehen einen Beitrag leistet.

Für Spitzenleistungen braucht unser Gehirn Botenstoffe wie Dopamin, Oxytocin, Serotonin sowie Endorphine. Um in einem leistungsoptimierten Flow-Zustand arbeiten zu können, sollten

Anforderungen und Fähigkeiten übereinstimmen, um eine Unter-
wie auch Überforderung zu vermeiden. Wenn die Anforderungen
zu niedrig sind und mit unseren Fähigkeiten nicht übereinstimmen, sollten wir nach neuen Herausforderungen und neuen Aufgaben suchen. Indem wir Neues mit Begeisterung ausprobieren,
schüttet das Gehirn Dopamin aus und das Belohnungszentrum
wird aktiviert. Sind hingegen die Anforderungen zu hoch, fühlen
wir uns überfordert und empfinden Stress.

Die ständige Erreichbarkeit, Reizüberflutungen, Ablenkungen
und das Arbeiten im Multitasking-Modus führen häufig zu Stress
und dem Verlust der Selbstkontrolle und wirken sich negativ auf
unsere Leistungen aus. Umso wichtiger sind Offline-Zeiten, um
konzentriert im Singletasking-Modus die täglichen Aufgaben
produktiv erledigen zu können. Fokussiert zu arbeiten kostet
Disziplin und Energie. Wir lassen uns sehr leicht ablenken, denn
unser Hirn neigt von Natur aus dazu, seine Aufmerksamkeit auf
alles Neue und Ungewöhnliche zu richten, was bereits in grauer
Vorzeit unser Überleben gesichert hat.

Wir benötigen ein gesundes Maß an Stress, um Höchstleistungen
erbringen zu können, sonst fühlen wir uns gelangweilt. Neurotransmitter wie Dopamin, Adrenalin, Noradrenalin und Cortisol in der richtigen Konzentration sind für unser optimales Er-
regungsniveau gute Partner. Ist der Stresspegel zu hoch, wird
eine erhöhte Dosis Cortisol ausgeschüttet, was sich negativ auf
Gedächtnis und Produktivität auswirkt. Gute Beziehungen am
Arbeitsplatz, vertrauensvolle Zusammenarbeit, Rücksichtnahme
und produktive Gespräche bei gemeinsamen Kaffeepausen können gegensteuern. Hier spielt der Neurotransmitter Oxytocin eine
wichtige Rolle, der den Stressspiegel senkt und die Serotoninaus-
schüttung erhöht.

Um den täglichen Herausforderungen im Berufsleben standhalten zu können, sind genügend Zeiten für Entspannung, Schlaf und Fitness einzuplanen. Schlafmangel beeinträchtigt unsere kognitiven Funktionen und wirkt sich negativ auf Selbstkontrolle und Impulsbeherrschung aus. Besonders in stressigen Zeiten sollten wir auf gesunde Ernährung achten. Sportliche Aktivitäten sind für die Bildung neuer Gehirnzellen wichtig und hilft, Stress zu reduzieren. Achtsamkeitstrainings wirken sich positiv auf unsere Stimmung aus und sind eine effektive Methode für Selbst- und Stressmanagement.

Mit gehirngerechten Arbeitstechniken sollten wir unsere Arbeitszeit so angenehm wie möglich gestalten. Wir müssen selbst Verantwortung übernehmen und nach Analyse der Ausgangssituation und mithilfe der neurowissenschaftlichen Erkenntnisse unsere Leistungsfähigkeit und Zufriedenheit am Arbeitsplatz optimieren. Damit wir notwendige Veränderungen vornehmen können, müssen wir Handlungsmuster erkennen und Zeit für die Umsetzung neuer Verhaltensweisen einplanen. Unser Gehirn ist ein komplexes Netzwerk und kann ein Leben lang neue neuronale Netzwerke bilden. Unseren Neuronen fällt es anfangs schwer, neue elektrische Signale auf einen noch nicht aktivierten Pfad zu feuern. Unser Hirn liebt Routinetätigkeiten, um möglichst wenig Energie zu verbrauchen. Es erfordert Zeit, bis neue neuronale Schaltkreise aufgebaut und die neuen Handlungen wieder automatisiert sind. Klare Ziele und kleine Schritte zum Erfolg führen öfter zu Erfolgserlebnissen und damit auch öfter zur Ausschüttung von Dopamin.

Mit gehirngerechten Methoden und Arbeitsabläufen können wir unsere Leistungsfähigkeit verbessern. Je voller unser Terminkalender ist, umso eher neigen wird dazu, Aufgaben nach Dringlichkeit und nicht nach Wichtigkeit zu erledigen. Damit sind wir immer mehr fremdbestimmt und neigen dazu, an Aufgaben zu arbeiten, die uns unseren beruflichen Erfolgen nicht weiterbringen. Wer Prioritäten setzt, an wichtigen Dingen arbeitet und Unwichtiges eliminiert, wird mehr Erfolg im Beruf haben. Daher ist die Planung des Arbeitstages und damit das Setzen von Prioritäten ein wesentlicher Erfolgsfaktor. Bei dieser Planung sollten wir auch unsere persönliche Leistungskurve berücksichtigen. Perioden hoher Leistungsfähigkeit sollte für geistig anstrengende Aufgaben, die eine hohe Konzentration erfordern, genutzt werden.

Schriftlichkeit entlastet den präfrontalen Kortex und macht somit den Kopf frei. Indem wir unseren Fokus auf unsere jeweils aktuellen Aufgaben richten, gelangen wir in den Flow-Zustand und können unseren Job besser erledigen. Dabei sollten wir Zeitdruck vermeiden, da er eine erhöhte Ausschüttung von Stresshormonen, wie Adrenalin und Noradrenalin, zur Folge hat. Indem wir Routinetätigkeiten bewusst im Arbeitsalltag integrieren, werden diese in den Basalganglien abgespeichert und erfordern bei der Erledigung sich oft wiederholender Tätigkeiten weniger Energie.

Der Arbeitsalltag unterliegt ständigen Veränderungen und wird sich auch künftig weiterentwickeln. Homeoffice und flexible Arbeitszeiten, Videokonferenzen, Webinare und Online-Kurse sind nur einige Beispiele. Wir leben in einer Zeit, in der durch ständige Veränderungen der Geschäftsmodelle Flexibilität und Offenheit für Neues erforderlich ist. Immer öfter zeigt sich, dass Arbeit und Privatleben verschmelzen. Wer sich diesen Herausforderungen stellt, wird in dieser modernen Arbeitswelt auch viele positive Aspekte erkennen und Vorteile sehen.

Eine neue Denkweise schafft neue Lösungen. Zeit- und Selbstmanagementtechniken lassen sich mit gehirngerechten Methoden
verbessern.

Abschließend noch einige Tipps zum Erreichen unserer optimalen Leistungsfähigkeit, zusammengefasst.

Tipps zum Erreichen des Flow-Zustandes:

⇒ Anforderungen sollten mit den eigenen Fähigkeiten übereinstimmen

⇒ Bei Unterforderung neue Herausforderungen suchen

⇒ Ziele angemessen gestalten und als Herausforderung wahrnehmen

⇒ Feedback einholen und ständig dazulernen und verbessern

⇒ Bei herausfordernden Aufgaben Unterstützung bei anderen
holen

⇒ Handlungsspielräume wenn möglich erweitern

⇒ Regelmäßige Pausen einplanen und diese für Entspannung
nutzen

⇒ Am Abend effektiv abschalten und für Erholung sorgen

Tipps für störungsfreies Arbeiten

⇒ Konzentriert arbeiten für mehr Leistung und energiesparen-
des Arbeiten

⇒ Wann immer es möglich ist, Kommunikationsmittel ausschalten.

⇒ E-Mails nicht ständig checken, meistens reichen hier 2 bis 3 Checks pro Tag, akustische Signale und Pop-up-Fenster bei Eingang ausschalten

⇒ Permanente Erreichbarkeit so weit wie möglich reduzieren

⇒ Kollegen durch klare Signale von Unterbrechungen abhalten – Schild „Bitte nicht stören"

⇒ Telefon umleiten bzw. Rückruf anbieten. Gesprächsfreie Zeit einplanen und durchführen, Apps/Soziale Netzwerke am Handy löschen

Tipps für unsere Selbstorganisation

⇒ Für richtigen Stresslevel sorgen, um gute Leistungen erbringen zu können.

⇒ Bei zu hohem Stresslevel rechtzeitig gegensteuern, da er sich auf die Produktivität und auch auf die Gesundheit auswirkt.

⇒ Ideen aufschreiben, um sie aus dem gedanklichen Arbeitsspeicher zu bringen und den Kopf nicht voller Gedanken zu haben.

⇒ Prioritäten setzen und das Wichtige vom Unwichtigen trennen.

⇒ Singletasking statt Multitasking wählen.

⇒ Dem Gehirn Pausen gönnen und mehrmals am Tag eine kurze Auszeit nehmen.

⇒ Für ausreichend Schlaf sorgen, um das Gedächtnis funktionsfähig zu halten und die am Tag anfallenden Herausforderungen gut lösen zu können.

⇒ Regelmäßige Bewegung in den Alltag integrieren – mit dem Fahrrad zur Arbeit, Stufen steigen statt Lift benutzen, zwischendurch aufstehen.

⇒ Soziale Kontakte pflegen für höheren Oxytocin-Spiegel und weniger Cortisol.

⇒ Auf gesunde Ernährung achten, mehr Obst und Gemüse, Lebensmittel mit Omega-3-Fettsäuren.

⇒ Achtsamkeitstrainings zur Steigerung der Effizienz am Arbeitsplatz und zur Senkung der Cortisolwerte durchführen.

⇒ Positive Emotionen im Alltag durch Übung steigern.

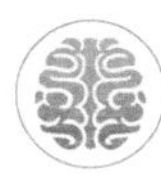

ALPHABETISCHES LITERATURVERZEICHNIS

Bauer, J. (2013): Arbeit. (Warum Sie uns glücklich oder krank macht): Heyne München

Bauer, J. (2015): Selbststeuerung. (Die Wiederentdeckung des freien Willens): Heyne München

Barnow, S. (2018): Gefühle im Griff! (Wozu man Emotionen braucht und wie man sie reguliert): 3. Auflage: Springer Heidelberg

Breuning, L. (2019): Die Chemie des Glücks. (Wie wir unsere Hormone beeinflussen und das Gehirn dauerhaft auf Glücklichsein einstellen): mvg München

Carter, R. (2019): Das Gehirn: Anatomie, Sinneswahrmung, Gedächtnis, Bewusstsein, Störungen: 3. Auflage: DK London

Chade-Meng, T. (2012): Search Inside Yourself. (Das etwas andere Glücks-Coaching): Arkana München

Cirillo, F. (2018): The Pomodoro Technique. (The Live Changing Time Management System): Virgin Books London

Cortright, B. (2019): Das bessere Gehirn. (Wie Sie lebenslang die Bildung neuer Nervenzellen anregen): Kopp Rottenburg

Crabbe, T.: (2017): Busy Busy. (Stresse dich nicht, lebe!): Campus Frankfurt

Cszikszentmihalyi, M. (2012): Flow im Beruf. (Das Geheimnis des Glücks am Arbeitsplatz): 3. Auflage: Klett-Cotta Stuttgart

Cszikszentmihalyi, M. (2019): Flow. (Das Geheimnis des Glücks): 6. Auflage: Klett-Cotta Stuttgart

Dicke, U. (2015): Lernprozesse: AON Academy of Neuroscience Köln

Dietrich, J. (2014): Gehirngerechtes Arbeiten und beruflicher Erfolg. (Eine Anleitung für mehr Effektivität und Effizienz): Springer Gabler Wiesbaden

Dingman, M. (2020): Das Gehirn. (Neueste Erkenntnisse der Neurowissenschaften über unser wichtigstes Organ und seine Macken): riva München

Doidge, N. (2017): Neustart im Kopf. (Wie sich unser Gehirn selbst repariert): 3. Auflage: campus Frankfurt am Main

Eagleman, D. / Brandt, A. (2018): Kreativität. (Wie unser Denken die Welt immer wieder neu erschafft): Siedler München

Eaglemann, D. (2019): The Brain. (Die Geschichte von dir): 4. Auflage: Pantheon München

Eggler, A. (2018): Mail halten! (Die beste Selbstverteidigung gegen Handy-Terror, E-Mail-Wahnsinn & digitale Dauerablenkung): 3. Auflage: Campus Frankfurt

Esch, T. (2017): Die Neurobiologie des Glücks. (Wie die Positive Psychologie die Medizin verändert): 3. Auflage: Thieme Stuttgart

Esch, T. (2018): Der Selbstheilungs Code (Die Neurobiologie von Gesundheit und Zufriedenheit): 5. Auflage: Beltz Weinheim

Esch, T. (2016): FM-Gesundheit: AON Academy of Neuroscience Köln

Fabritius, F. / Hagemann, A. (2018): The Leading Brain. (Neuroscience Hacks to Work Smarter, Better, Happier): tarcherperigee New York

Fredrickson, B. (2011): Die Macht der guten Gefühle. (Wie eine positive Haltung Ihr Leben dauerhaft verändert): Campus Frankfurt am Main

Fredrickson, B. / Grewen, K. / Coffey, K. / Algoe, S. / Firestine, A. / Arevalo, J. / Ma, J. / Cole, S. (2013): A functional genomic perspective on human well-being: PNAS August 13: 110:13684-13689

Grawe, K. (2004): Neuropsychotherapie: Hogrefe Göttingen

Gross, T. (2020): Geheimwaffe Pareto-Prinzip. (Wie Sie die 80/20 Regel für Ihren Erfolg nutzen und Ziele in Rekordzeit erreichen): Independently

Hanson, R. (2019): Das resiliente Gehirn. (Wie wir zu unerschütterlicher Gelassenheit, innerer Stärke und Glück finden können): Arbor Freiburg im Breisgau

Hölzel, B. / Brähler, C. (2015): Achtsamkeit mitten im Leben. (Anwendungsgebiete und wissenschaftliche Perspektiven): O. W. Barth München

Hufnagl, B. (2014): Besser fix als fertig. (Hirngerecht arbeiten in der Welt des Multitasking): Molden Wien

Hunter, M. / Gillespie, B. / Yu-Pu Chen, S. (2019): Urban Nature Experiences Reduce Stress in the Context of Daily Life Based on Salivary Biomarkers, Front. Psychol., 04 April 2019

Kahnemann, D. (2012): Schnelles denken, langsames denken: 13. Auflage: Random München

Killingsworth, M.A. / Gilbert, D.T.: (2010): A Wandering Mind is an Unhappy Mind. In: Science 330, S. 932

Klinkhammer, M. / Hütter, F. / Stoess, D. / Wüst, L.: (2018): Change happens. (Veränderungen gehirngerecht gestalten): 2. Auflage: Haufe Freiburg

Krengel, M. (2018): Rolden Rules: (Erfolgreich lernen und arbeiten: Alles, was du brauchst!): 8. Auflage: Eazybookz Lauchhammer

Kessler, C; Rautenberg, R. (2019): Essen für den Kopf: Südwest München

Levitin, D. (2014): The Organized Mind. (Thinking Straight in the Age of Information Overload): Random UK

Macedonia, M. (2018): Beweg Dich! Und Dein Gehirn sagt danke. (Wie wir schlauer werden, besser denken und uns vor Demenz schützen): Brandstätter Wien

Macedonia, M. (2021): Iss dich Klug! (Und dein Gehirn freut sich): Ecowin Salzburg

McGonigal, K. (2018): Glücksfaktor Stress. (Warum Stress uns erfolgreich und gesund macht): Trias Stuttgart

Mueller, P. / Oppenheimer, D. (2014): The Pen is Mighier Than the Keyboard: in Psychological Science 25, Nr. 6 (April 2014): d1159-68, journals

Münchhausen, M. (2019): Konzentration. (Wie wir lernen, wieder ganz bei der Sache zu sein): 3. Auflage: Gabal Offenbach

Münte, T. (2015): FM-Motivation und Entscheidung: AON Academy of Neuroscience

Narbeshuber, E. / Narbeshuber, J., (2019): Mindful Leader. (Wie wir die Führung für unser Leben in die Hand nehmen und uns Gelassenheit zum Erfolg führt): O.W. Barth München

Newport, C. (2019): Digitaler Minimalismus (Besser leben mit weniger Technologie): Redline München

Ochsner, K. / Weber, J. /Doré B. (2017) Neural Predictors of Decisions to Cognitively Control Emotions: in researchgate 37 (10): 2526–16

Peters, T. / Ghadiri, A. (2013): Neuroleadership – Grundlagen, Konzepte, Beispiele. (Erkenntnisse der Neurowissenschaften für die Mitarbeiterführung): 2. Auflage: Springer Gabler Wiesbaden

Purps-Pardigol, S. (2015) Führen mit Hirn. (Mitarbeit begeistern und Unternehmenserfolg steigern): campus Frankfurt am Main

Reinhardt, R. Hrsg. (2014), Neuroleadership. (Empirische Überprüfung und Nutzenpotenziale für die Praxis): Oldenbourg München

Rock, D. (2011): Brain at Work. (Intelligenter arbeiten mehr erreichen): Campus Frankfurt am Main

Rose, N. (2019): Arbeit besser machen. (Positive Psychologie für Personalarbeit und Führung): Haufe Freiburg

Roth, G. (2019): Warum es so schwierig ist, sich und andere zu ändern: (Persönlichkeit, Entscheidung und Verhalten: 2. Auflage: Klett-Cotta Stuttgart

Roth, G. / Ryba, A. (2016): Coaching, Beratung und Gehirn: Klett-Cotta Stuttgart

Ryder, C. (2018): Die Bullet Journal Methode (Verstehe deine Vergangenheit, ordne deine Gegenwart, gestalte deine Zukunft: Rowohlt Hamburg

Schwarbe, L. (2017): Was passiert bei Zeitdruck im Gehirn?: Gehirn & Geist: Spektrum Heidelberberg: 06/2016

Scullin, M. K., Krueger, M. L., Ballard, H. K., Pruett, N., & Bliwise, D. L. (2018): The effects of bedtime writing on difficulty falling asleep: A polysomnographic study comparing to-do lists and completed activity lists. Journal of Experimental Psychology: General, 147(1), 139–146

Seelbach, T. (2015): FM-Grundlagen der Neurowissenschaften: AON Academy of Neuroscience Köln

Seligman, M. (2015): Wie wir aufblühen (Die fünf Säulen des persönlichen Wohlbefindens): 6. Auflage: Goldmann München

Siegel, D. (2012): mindsight. (Die neue Wissenschaft der persönlichen Transformation): 4. Auflage: Goldmann München

Singer, T. / Ricard, M. (2015): Mitgefühl in der Wirtschaft. (Ein bahnbrechender Forschungsbericht): Knaus München

Steiner, A. / Hefele, C. / Schmidkonz, C. (2018): Happiness im Business. (Zufriedene Mitarbeiter – glückliche Manager – erfolgreiche Unternehmen): Wiley Weinheim

Storch, M. / Krause, F. (2017): Selbstmanagement-ressourcenorientiert. (Grundlagen und Trainingsmanual für die Arbeit mit dem Züricher Ressourcen Modell): 6. Auflage: Hogrefe Bern

Täuber, M. / Obermaier, P. (2018): Alles reine Kopfsache.: Goldegg Berlin

Tracy, B., (2018): Ziele setzen, verfolgen, erreichen.: 2. Auflage: campus Frankfurt

Walker, M. (2018): Das große Buch vom Schlaf. (Die enorme Bedeutung des Schlafs): 5. Auflage: Goldmann München

ENDNOTEN

[1] Vgl. Roth, G. (2019), S. 13f.

[2] Vgl. Csikszentmihalyi, M. (2012), S. 11.

[3] Vgl. Esch, T. (2017), S. 66f.

[4] Vgl. Macedonia, M. (2018), S. 13.

[5] Vgl. Esch, T. (2018), S. 73f.

[6] Vgl. Roth, G. (2019), S. 54.

[7] Vgl. Esch, T. (2018), S. 73.

[8] Vgl. Storch, M. / Krause, F. S., (2017), 68f.

[9] Vgl. Klinkhammer, M. u. a. (2018), S. 49–53.

[10] Vgl. Carter, R. (2019), S. 73.

[11] Vgl. Siegel, D. (2012), S. 46.

[12] Vgl. Carter, R. (2019), S. 128.

[13] Vgl. Esch, T. (2017), S. 93.

[14] Vgl. Roth, G. / Ryba, A. (2016), S. 222.

[15] Vgl. Roth, G., / Ryba, A. (2016) S. 209f.

[16] Vgl. Barnow, S. (2018) S. 6.

[17] Vgl. Chade-Meng, T. (2012), S. 46f.

[18] Vgl. Dingman, M. (2020), S. 55.

[19] Vgl. Carter, R. (2019), S. 65.

[20] Vgl. Walker, M. (2018), S. 154.

[21] Vgl. Macedonia, M. (2018), S. 39f.

[22] Vgl. Eaglemann, D. (2019), S. 24f.

[23] Vgl. Grawe, K. (2001), S. 111f.

[24] Vgl. Dietrich, J. (2014), S. 5.

[25] Vgl. Bauer, J. (2015), S. 73.

[26] Vgl. Narbeshuber, E. / Narbeshuber, J. (2019), S. 87.

[27] Vgl. Esch, T. (2018), S. 227.

[28] Vgl. Breuning, L. (2019), S 14.

[29] Vgl. Bauer, J. (2015), S. 28f.

[30] AON-FM Motivation und Entscheidung (2015), zitiert nach Münte, S. 31f.

[31] Vgl. Macedonia, M. (2018), S. 111.

[32] Vgl. Esch, T. (2018), S. 79.

[33] Vgl. Esch, T. (2018), S. 78.

[34] Vgl. Breuning, L. (2019), S. 47.

[35] Vgl. Breuning, L. (2019), S. 15–17.

[36] Vgl. Fabritius, S. / Hagemann, A. (2018), S. 83.

[37] Vgl. Cortright B., (2019), S. 138.

[38] Vgl. McGonigal, K. (2018), S. 80–82.

[39] Vgl. Hufnagl, B. (2014), S. 97.

[40] Vgl. Breuning L. (2019), S. 15.

[41] Vgl. Rock, D. (2011), S. 248–250.

[42] Vgl. Macedonia, M. (2018), S. 144f.

[43] Vgl. Roth, G. / Ryba, A. (2016), S. 138.

[44] Vgl. Steiner, A. u. a. (2018), S. 157–159.

[45] Vgl. Bauer, J. (2015), S. 50.

[46] Vgl. Rose, N. (2019), S. 58f.

[47] Vgl. Fredrickson, B. u. a. (2013), S. 13684–13689

[48] Vgl. McGonigal, K. (2015), S. 146.

[49] Vgl. Csikszentihalyi, M. (2012), S. 38f.

[50] Vgl. Fredrickson, B. (2011), S. 246f.

[51] Vgl. AON-FM Gesundheit (2016), zitiert nach Esch, S. 173f.

[52] Vgl. Csikszentmihalyi M., (2012), S. 232f.

[53] Vgl. Seligman, M. (2015), S. 115.

[54] Vgl. Seligman, M. (2015), S. 193.

55 Vgl. Esch, T. (2017), S. 152.

56 Vgl. Csikszentmihalyi, M. (2019), S. 120.

57 Vgl. Esch, T. (2018), S. 282f.

58 Vgl. Münchhausen, M. (2019), S. 83.

59 Vgl. AON-FM-Grundlagen der Neurowissenschaften (2015), zitiert nach Seelbach, S. 66–68.

60 Vgl. Hufnagl, B. (2014), S. 71.

61 Vgl. Rock, D. (2011), S. 156.

62 Vgl. Rock, D. (2011), S. 92.

63 Vgl. Fabritius, F. / Hagemann, A. (2009), S. 6f.

64 Vgl. McGonigal, K. (2018), S. 78f.

65 Vgl. Esch, T. (2017), S. 114f.

66 Vgl. Bauer, J. (2013), S. 175–177.

67 Vgl. Bauer, J. (2015), S. 97f.

68 Vgl. Reinhardt, R. (2014), S. 208.

69 Vgl. Bauer, J. (2015), S. 95.

70 Vgl. Hufnagl, B. (2014), S. 110–112.

71 Vgl. Hufnagl, B. (2014), 55f.

72 Vgl. Carter, R. (2019), S. 168.

73 Vgl. Levitin, D. (2014), S. 98.

74 Vgl. Rock, D. (2011), S. 59f.

75 Vgl. Kahnemann, D., (2012) S. 36.

76 Vgl. Fabritius, F. / Hagemann, A. (2018), S. 82f.

77 Vgl. Hufnagl, B., (2014), S 120.

78 Vgl. Eggler, A. (2018), S. 181–185.

79 Vgl. Rock, D. (2011), S. 86.

80 Vgl. Täuber, M. / Obermaier, P. (2018), S. 39

81 Vgl. Narbeshuber, E. / Narbeshuber, J. (2019), S. 177.

82 Vgl. Täuber, M. / Obermaier, P. (2018), S. 39.

83 Vgl. Newport, C. (2019), S. 225f.

84 Vgl. Esch, T. (2018), S. 218–222.

85 Vgl. Crabbe T. (2017), S. 274–276

86 Vgl. Roth, G. / Ryba, A. (2016), S. 271.

87 Vgl. Breuning, L. (2019), S. 24.

88 Vgl. Cortright, B. (2019), S. 54.

89 European Journal of Social Psychology Eur. J. Soc. Psychol. 40, 998–1009 (2010), Published online 16 July 2009 in Wiley Online Library.

90 Vgl. Breuning, L. (2019), S. 170f.

91 Vgl. Rock, D. (2011), S. 297f.

92 Vgl. Roth, G. (2019), S. 359.

93 Vgl. Hugnagl, B. (2014), S. 125.

94 Vgl. Klinkhammer, M. u. a. (2018), S. 172f.

95 Vgl. Eagleman, D. / Brandt, A. (2018), S. 177f.

96 Vgl. Rock, D. (2009), S. 64–66.

97 AON-FM Lernprozesse, (2015), zitiert nach Dicke, S. 25f.

98 Vgl. Klinhammer, M. (2018), S. 172.

99 Vgl. Rock, D. (2011), S. 33f.

100 Vgl. Dietrich, J. (2014), S. 45.

101 Vgl. Dietrich, J. (2014), S. 86.

102 Vgl. Ryder, C. (2018), S. 15.

103 Vgl. Rock, D. (2011), S. 37.

104 Vgl. Scullin, M. u. a. (2018), S. 139–146

105 Vgl. Crabbe, T. (2017), S. 92.

106 Vgl. Crabbe, T. (2017), S. 30.

107 Vgl. Mueller, P. / Oppenheimer, D. (2014), S. 1159–1168

108 Vgl. Tracy, B. (2010), S. 166.

109 Vgl. Dietrich, J. (2014), S. 29f.

110 Vgl. Krengel, M. (2018), S. 118.

[111] Vgl. Purps-Partigol, S. (2015), S. 148f.

[112] Vgl. Tracy, B. (2018), S. 144f.

[113] Vgl. Narbeshuber, E. / Narbeshuber, J. (2019), S. 27.

[114] Vgl. Gross, T. (2020) S. 2.

[115] Vgl. Krengel, M. (2018), S. 105–107.

[116] Vgl. Hufnagl, B. (2014), S. 92.

[117] Vgl. Tracy, B. (2018), S. 192.

[118] Vgl. Krengel, M. (2018), S. 107.

[119] Vgl. Cirillo, F. (2018), S. 28f.

[120] Vgl. Schwarbe, L. (06/2016) S. 56f.

[121] Vgl. Steiner, A. u. a. (2018), S. 76.

[122] Vgl. Roth, G. (2019), S. 254f.

[123] Vgl. Storch, M. / Krause, F. (2017), S. 176.

[124] Vg. Tracy, B. (2018), S. 145.

[125] Vgl. Crabbe, T. (2017), S. 30.

[126] Vgl. McGonigal, K. (2018), S. 172f.

[127] Vgl. Walker, M. (2018), S. 35.

[128] Vgl. Krengel, M. (2018), S. 136.

[129] Vgl. Cortright, B. (2019), S. 15.

[130] Vgl. Macedonia, M. (2018), S. 42f.

[131] Vgl. Doidge, N. (2017), S. 253.

[132] Vgl. Steiner, A. u. a. (2018), S. 71.

[133] Vgl. Hunter, M. / Gillespie, B. / Yu-Pu Chen, S. (2019): Urban Nature Experiences Reduce Stress in the Context of Daily Life Based on Salivary Biomarkers, Front. Psychol., 04 April 2019

[134] Vgl. Cortright, B. (2019), S 115–116.

[135] Vgl. Cortright, B. (2019), S. 117

[136] Vgl. Esch, T. (2018), S. 273–277.

[137] Vgl. Macedonia, M. (2021), S. 111

138 Vgl. Kessler, C. (2019), S. 13f.

139 Vgl. Walker, M. (2018), S. 13f.

140 Vgl. Walker, M. (2018), S. 359.

141 Vgl. Cortright, B. (2019), S. 147.

142 Vgl. Macedonia, M. (2018), S. 82f.

143 Vgl. Walker, M. (2018), S. 405–408.

144 Vgl. Walker, M. (2018), S. 205f.

145 Vgl. Walker, M. 2018), S. 205f.

146 Vgl. Esch, T. (2017), S. 105.

147 Vgl. Eaglemann, D. (2019), S. 153f.

148 Vgl. Roth, G. (2019) S. 97.

149 Vgl. Klinkhammer, M. u. a. (2018), S. 157f.

150 Vgl. Hanson, R. (2019), S. 33.

151 Vgl. Münchhausen, M. (2019), S. 115-117.

152 Vgl. Seligman, M. (2015), S. 57f.

153 Vgl. Hoelzel, B. / Brähler, C. (2015), S. 51f.

154 Vgl. Esch, T. (2018), S. 252–254.

155 Vgl. Killingsworth, M. A. / Gilbert, D. T. (2010), S. 932

156 Vgl. Crabbe, T. (2017), S. 185.

157 Vgl. Rock, D. (2011), S 154f.

158 Vgl. Fredrickson, B. (2011), S. 206

159 Vgl. Barnow, S. (2018), S. 90.

160 Vgl. Barnow, S. (2018), S. 45.

161 Vgl. Rock, D. (2011), S. 178f.

162 Vgl. Ochsner, K., (2017), S. 2526

163 Vgl. Rock, D. (2011), S. 156

Arbeitsumfeld – Störfaktoren und Ablenkungen analysieren

⇒ Notieren Sie alle Dinge die Zeit und Energie kosten.

⇒ Welche Ablenkungen können Sie vermeiden und wie werden Sie hier vorgehen?

⇒ Zeitdiebe enttarnen und eliminieren

MEINE STÖRFAKTOREN / ZEITDIEBE

Im nächsten Schritt notieren Sie zu dem Energiefresser mindestens 2 mögliche Gegenmaßnahmen.

MEIN STÖRFAKTOR   **GEGENMASSNAHMEN**

Behalten Sie künftig die Liste im Auge und verfolgen Sie den Umsetzungserfolg.

Routine im Alltag integrieren und Energie sparen:

⇒ Bei welchen Aufgaben geht viel Zeit unnötig verloren?

⇒ Welche Abläufe sind nicht automatisiert und kommen ständig vor?

⇒ Wie könnte der Ablauf automatisiert ablaufen, um dabei wertvolle Energie zu sparen?

⇒ Was werde ich als Erstes umsetzen?

AUFGABEN / ABLÄUFE	HÄUFIGKEIT 1 SELTEN 5 HÄUFIG	EINSPARUNGS-POTENZIAL / MINUTEN

Das nehme ich in Angriff:

Zeit und Energie sparen mit dem PARETO-System. Nicht perfekt und trotzdem (deshalb) erfolgreich.

⇒ Welche Aufgaben können mit nur 20 % Aufwand bearbeitet werden und tragen dennoch zu 80 % des Erfolgs bei?

⇒ Bei welchen Tätigkeiten ist Perfektionismus nicht notwendig oder sogar nicht angebracht?

⇒ Wo kann man Zeit einsparen, ohne wesentliche Qualitätsverluste hinnehmen zu müssen?

Bei diesen Aufgaben neige ich zu Perfektionismus und kann wertvolle Zeit einsparen.

NEUBEWERTUNG DER SITUATION

Positive Emotionen durch NEUBEWERTUNG der Situation. Denken Sie an ein negatives Ereignis, das für Sie in letzter Zeit vorgefallen ist.

Was war der Auslöser bzw. wie ist es zu dieser Situation gekommen?

Welche negativen Emotionen wurden dabei ausgelöst?

Wie haben Sie reagiert? Beschreiben Sie die Situation objektiv, vorerst ohne Wertung.

Welche Gedanken sind Ihnen in dieser Situation durch den Kopf gegangen?

Hätten Sie diese Situation auch anders bewerten können? Suchen Sie nach kreativen Lösungen. Mit welchen Gedanken hätten Sie die Situation positiv bzw. neutral bewerten können? Achten Sie darauf, ob sich Ihr emotionales Befinden nach der Neubewertung positiv verändert.

Gesunde Leistungsfähigkeit steigern. Analysieren und Umsetzung planen.

ANALYSE IST-SITUATION	MEINE EINSCHÄTZUNG 1 SCHLECHT 10 SEHR GUT	MEIN ZIEL: UMSETZUNG PLANEN
Bewegung		
Ernährung		
Guter Schlaf für Regeneration und Erholung		
Soziale Kontakte		
Achtsamkeit		

Liebe Leserin, lieber Leser!

Ich freue mich, wenn ich Ihnen mit diesem Buch wichtige Impulse für Ihren beruflichen Erfolg mitgeben konnte.

Weitere Anregungen zu neurowissenschaftlichen Themen im Bereich Selbstorganisation, Neuroleadership und Motivation finden Sie auf

www.neuroleading-lab.com sowie auf www.neuroleading-akademie.at

Speziell zu diesem Buch biete ich einen Live-Online-Workshop, sowie ein zweitägiges Seminar mit Follow-up für den nachhaltigen Erfolg an.

Ich freue mich auf den Kontakt mit Ihnen, über Ihre Ideen und Anregungen. Beruf und Spaß sollten nicht miteinander im Widerspruch stehen.

Kleine Änderungen haben oft große Auswirkungen, um in der modernen Arbeitswelt die Lebensqualität verbessern zu können.

Viel Erfolg bei der Umsetzung!

Herzlichst Ihr

Anton Eibel
Business Coach & Trainer
Master of cognitive neuroscience (AON)